꽃보다 꽃나무

조경수에 반하다

꽃보다 꽃나무
조경수에 반하다

초판 1쇄 펴낸날 2021년 2월 26일

지은이   강철기
펴낸이   박명권

편집   김선욱
디자인   팽선민
출력·인쇄 한결그래픽스

펴낸곳   도서출판 한숲
         신고일 2013년 11월 5일
         신고번호 제2014-000232호

주소   서울특별시 서초구 방배로 143, 2층
전화   02-521-4626
팩스   02-521-4627
전자우편   klam@chol.com

ISBN 979-11-87511-28-1 93520
값 28,000원

꽃 보 다 꽃 나 무

조경수에 반하다

생활공간에 주로 심는 「조경수造景樹」의
학술적 의미와 조경적 활용을 중심으로 풀어낸
'무궁화'를 비롯한 우리 꽃나무 이야기

나무 없는 세상을 상상할 수 없듯이, 우리의 생활공간에서 나무와 숲은 대단히 중요하다. 잿빛의 콘크리트 문명에 찌든 요즘 도시들은 한결같이 '숲 속의 도시', '도시 속의 숲'을 지향하고 있다.

원예 치료나 산림 치유가 새로운 트렌드로 떠오르는 웰빙(well-being)과 힐링(healing)의 시대를 맞아, 건강과 휴식이 무엇보다 중요한 도시민들에게, 나무와 숲은 어느 때보다도 의미 있는 생활공간 요소로 다가오고 있다. 그래서 우리는 삶에 아주 큰 영향을 미치는, 생활공간 주변의 나무와 친해지지 않으면 안 된다.

누구나 이름을 모르고는 친구가 될 수 없다. 우리 주변의 나무와 친하기 위해서는 무엇보다도 먼저 나무의 이름을 알아야 한다. 이런 나무 이름을 부르는 방식에는 여러 가지가 있다.

국제식물명명규약에 따른 '학명(學名, Scientific Name)', 국가가 표준으로 정한 나무 이름인 '국명(國名, National Name)', 영명·일본명·중국명처럼 국가별로 자신의 언어나 문자로 표기하는 '외국명(外國名, Foreign Name)', 일부 사람이나 특정 지방에서 부르는 '별명(別名, Nickname)' 또는 '향명(鄕名, Vernacular Name)', 일반적으로 통용되는 '일반명(一般名, Common Name)'이 그것들이다. 일반명은 '보통명(普通名)'이라고도 한다.

뉴욕 브라이언트파크(Bryant Park)

양버즘나무

꽃보다 꽃나무 — 조경수에 반하다

가로수로 널리 심는 '양버즘나무'를 예로 들면, 사람들은 대부분 이 나무를 '플라타너스'로 부른다. 여기서 플라타너스는 많은 사람들에게 널리 통용되는 일반명에 해당하고, 양버즘나무는 우리나라 국가표준식물명(國家標準植物名)인 국명에 해당한다.

전 세계적으로 통하는 학명은 '*Platanus occidentalis* Linnaeus'다. *Platanus*는 학명의 '속명(屬名)'으로, 이 나무와 버즘나무(*Platanus orientalis* Linnaeus) 등 버즘나무속의 나무들을 지칭하는 일반명이 되었다.

버즘은 버짐이 변한 것이다. 얼룩덜룩한 나무껍질을 얼굴에 허옇게 핀 버짐으로 생각해 부르는 '버짐나무'는 별명이나 향명에 해당한다. 북한에서는 동그란 열매에 주목해 버즘나무는 '방울나무', 양버즘나무는 '홑방울나무'로 부르고 있다.

영명(英名)은 'Plane tree', 일본명(日本名)은 'せいようあすずかけのき'다. 중국명(中國名)은 '一球懸鈴木'인데, 프랑스 오동나무라는 '法國梧桐'은 중국 사람들에게 통용되는 일반명이다.

국명, 외국명, 별명, 향명 및 일반명으로는 전 세계의 모든 나무들을 일대일로 대응해 지칭할 수 없다. 국명·외국명·향명은 동일한 언어를 쓰는 사람들만 사용할 수 있고, 세계 공통으로 사용할 수는 없다. 일반명이

나 별명도 마찬가지다. 그래서 전 세계적으로 통하는 나무들의 통일된 이름이 필요하게 되었다.

1867년 프랑스 파리에서 개최된 제1회 국제식물학회에서, 세계 공통의 이름을 만들기 위해 '국제식물명명규약(國際植物命名規約, International Code of Biological Nomenclature)'을 제정하였다. 이 규약에서 정한 방식에 따라 만들어진 학명은 전 세계적으로 통하는 통일된 나무 이름이다. 나무는 각 국가에 따라 여러 이름을 갖지만, 통일된 학명이 있으므로 세계 공통으로 사용할 수 있다. 국제화 시대에 학명의 중요성은 여기에 있다.

학명은 스웨덴의 식물학자 린네(Carl von Linné, 1707~1778)가 만든 '이명법(二名法, Binominal Nomenclature)'에 기초해, 속명과 종소명(種小名) 단 두 가지로 모든 나무를 표기할 수 있다. 하나의 학명은 오직 하나의 종(種)을 가리키기 때문에, 전 세계 모든 생물 종의 표준으로 사용할 수 있는 아주 유용한 이름이다.

한 나라에서 같은 나무를 여러 이름으로 다양하게 부르면, 혼란스럽기는 하지만 그 이름들이 지닌 뜻이나 함축된 의미를 알게 되는 장점이 있다. 언어에서 정감 있고 맛깔스러운 사투리의 역할과 같은 맥락이다. 그러나 국어 사용의 혼란을 방지하기 위해서, 공용어는 마땅히 표준어가 되어야 한다. 그리고 모든 경우, 표준어를 우선해서 사용하는 것이 원칙이다.

이런 관점에서 국가가 공식적인 절차에 따라 표준으로 정한 국가표준식물명, 즉 국명은 매우 중요한 의미가 있다. 이는 일반명이나 향명·별명이 중요하지 않다는 것이 아니라, 모든 경우에 국명 사용을 원칙으로 국명을 최우선으로 써야 한다는 것이다.

현재 우리나라는 자생식물과 귀화식물, 그리고 외래식물 등 수목유전자원의 이름 통일 및 표준화를 위한 '국가표준식물목록'을 작성하기 위해, 「수목원·정원의 조성 및 진흥에 관한 법률」에 따라 국립수목원장을 위원장으로 하고 국립수목원이 운영하는 '국가수목유전자원목록심의회'에서 국명을 정하고 있다.

이 책은 주로 생활공간 주변에 심는 '조경수(造景樹)'를 대상으로, 나무의 의미와 조경적 활용을 중심으로 쓴 책이다. 우리의 삶과 보다 밀접한 나무인 조경수는 현재 국명이 아닌 일반명이나 별명, 향명으로 불리는 경우가 많아 아주 혼란스럽다. 이 책에서 나무 이름은 2020년을 기준으로, 국립수목원의 국가수목유전자원목록심의회에서 정한 국명 사용을 원칙으로 한다.

한편, 외국에서 들어온 '외래종(外來種)'과 오래전에 이미 토착화한 '귀화종(歸化種)'의 개념은 구분이 모호하고 별다른 의미가 없다고 생각해, 국가표준식물목록과 국가표준재배식물목록을 근거로 원래 우리나라에 자라는 '자생종(自生種)'과 사람의 손에 의해 가꾸어진 '재배종(栽培種)'으로 구분한다.

차례

아 기 공 룡 둘 리 가 뛰 놀 던 나 무

메타세쿼이아

메타세쿼이아는 은행나무와 함께 화석으로 알려진 낙엽침엽교목이다.
중생대 백악기에 지금의 소나무 이상으로 번성했고,
아득한 세월이 흐르는 과정에서도 변하지 않고
본래 그대로의 모습을 지금까지 고스란히 간직해 왔다.

+

과명 Taxodiaceae(낙우송과) **학명** *Metasequoia glyptostroboides*

+

수삼나무, 水杉, Dawn Redwood

＊＊

조경수 가운데 '메타세쿼이아(*Metasequoia glyptostroboides*)'만큼 이름이 어렵고 혼란스러운 나무는 없다. 메타세콰이어·메타쉐쿼이아·메타세코이아 등으로 부르고 있는데, 국가종합전자조달시스템인 조달청 나라장터에는 메타세퀘이아로 나타나 있다. 그러나 국가가 나무 이름을 표준으로 정한 국가표준식물명인 국명(國名)은 '메타세쿼이아'다.

국명이 된 속명(屬名) *Metasequoia*는 'meta(뒤)'와 'sequoia(세쿼이아)'의 합성어로, '세쿼이아 이후' 또는 '세쿼이아를 닮은'의 뜻이다.

메타세쿼이아는 은행나무(*Ginkgo biloba*)와 함께 화석(化石, fossil)으로 알려진 낙엽침엽교목(落葉針葉喬木)이다. 1억4천5백만~6천5백만 년 전의 중생대(中生代, Mesozoic era) 백악기(白堊紀, Cretaceous period)에 지금의 소나무 이상으로 번성했고, 아득한 세월이 흐르는 과정에서도 변하지 않고 본래 그대로의 모습을 지금까지 고스란히 간직해 온 나무다. 고생대(古生代, Paleozoic era) 이첩기(二疊紀, Permian period)에 모습을 드러낸 은행나무보다는 연륜이 짧다.

이제껏 메타세쿼이아는 공룡과 함께 번성했으나 지구상에서 사라져 화석으로만 만나는 나무로 여겼다.

1941년에 일본 오사카대학(大阪大学)의 교수 미키 시게루(三木 茂, 1901~1974)는 이 화석 나무가 북아메리카에서 아주 크게 자라는 '세쿼이아 셈페르비렌스(*Sequoia sempervirens*)'나 '거삼나무(*Sequoiadendron giganteum*)'를 닮았지만 잎의 배열이 다르다고 생각해, 뒤를 뜻하는 접두어 meta를 붙여 *Metasequoia*라는 새로운 속(屬)을 만들었다.

미국의 캘리포니아주 시에라네바다산맥에는 세쿼이아 셈페르비렌스(Coast Redwood)와 거삼나무(Giant Redwood)를 보호하기 위한 '세쿼이아국립공원(Sequoia National Park)'이 지정되어 있다. 세쿼이아는 이 지역 인디언 추장의 이름에서 유래한 것이다. 전 세계에서 부피 기준으로 제일 큰 나무가 이 공원에 있는데, 수고(樹高) 약 84m, 근원직경(根源直徑) 약 11m로 '제너럴 셔먼(General Sherman)'으로 불리는 거삼나무가 그것이다.

화석으로 만났던 메타세쿼이아가 '실제 살아 있는 나무'로 세상에 모습을 드러낸 것은 업무에 충실했던 공무원이 있어서 가능했다. 1943년 중국의 산림공무원이 양쯔강 상류 쓰촨성(四川省) 마타오(磨刀)계곡에서, 이제껏 보지 못했던 수고 35m에 이르는 아주 큰 나무를 발견했다. 당시 이 나무의

영남대학교

학명을 'Glyptostrobus pensilis'로 명명했다. 메타세쿼이아의 현 종명(種名)인 glyptostroboides는 여기서 유래한 것이다.

1946년에는 중국 베이징생물연구소의 후(Hu Xiansu, 胡先驌)와 난징대학(南京大学)의 쳉(Wan Chun Cheng, 鄭萬均)은 이 나무를 오사카대학의 미키 교수가 이미 분류했던 메타세쿼이아속의 '메타세쿼이아(Metasequoia glyptostroboides Hu et W. C. Cheng)'라는 새로운 종으로 동정(同定)하고, 학명에

거삼나무(Sequoiadendron giganteum)　　　뉴욕식물원의 메타세쿼이아

　　　　　　　　　　꽃보다 꽃나무 — 조경수에 반하다

명명자(命名者)로 이름을 올렸다. 중국에서 처음 발견되었고 중국 사람에 의해 새로운 종으로 등록되었기 때문에, 중국 사람들이 이 나무에 갖는 의미는 아주 각별하다. 한편, 조사 결과 여러 그루가 마타오계곡 인근에 자라고 있는 것으로 밝혀졌다. 그해 『중국지질학회지』에 이를 '살아 있는 메타세쿼이아'로 보고함으로써, 지구상에서 이미 사라진 것으로 여겼던 나무가 지금까지 살아 있는 것으로 확인했다.

마주나기(對生)로 달리는 잎　　　　　　　　　　　　길게 늘어지는 수꽃

세상에 모습을 드러낸 역사에 비해 메타세쿼이아는 생장이 매우 빠르고, 조경수 특히 가로수로 아주 좋아 급속도로 전 세계에 전파되었다. 나무에 대한 본격적인 연구와 보급은 하버드대학교 아놀드수목원(The Arnold Arboretum of Harvard University)이 시작했다. 이 나무가 오늘날 세계적인 조경수가 된 데는 아놀드수목원의 역할이 매우 크며, 이에 대한 수목원의 자부심도 대단하다. 아놀드수목원을 상징하는 로고가 바로 메타세쿼이아다.

메타세쿼이아는 원산지인 중국에서 우리나라로 바로 들어온 것이 아니고, 1956년 현신규(玄信圭, 1911~1986) 박사가 미국에서 들여와 조경수로 활용하고 있다. 아득히 먼 옛날 아기 공룡 둘리가 놀았던 나무에서 지금은 우리 아기들이 놀고 있다. 우리는 속명 '메타세쿼이아'를 그대로 나무 이름으로 부르고 있지만, 외래어에 심한 거부감을 갖는 북한에서는 물(水)을 좋아하는 삼(杉)나무라는 '수삼나무'로 부르고 있다. 이 나무의 중국명은 '水杉'이고, 영명은 'Dawn Redwood'가 된다.

아놀드수목원 로고

Dawn Redwood

한남대학교

전남대학교

아득한 세월이 흘러도 본래의 모습을 그대로 간직해 온 나무인 만큼, 메타세쿼이아는 대단히 강한 나무다. '수삼(水杉)'이라는 이름에 걸맞게 물이 있는 곳을 좋아하지만, 건조한 땅에서도 잘 자란다. 대기오염을 비롯한 각종 공해에도 강하다. 생장은 대단히 빠르고 아주 큰 나무로 자라는데, 이러한 특성이 오히려 조경수로의 활용에 제약이 되기도 한다.

이식을 하면 하자율(瑕疵率)이 낮고 열악한 환경에도 잘 견뎌 가로수로 많이 심고 있다. 한동안 대표적으로 권장한 가로수종이었다. 그러나 도시 가로수로 심는 경우, 빠른 생장은 전선을 비롯한 가공선(架空線)과의 마찰을 유발한다. 뿌리가 얕게 퍼지는 천근성(淺根性)이므로, 나무가 자라면서 뿌리가 지표면 위로 돌출하고 보도(步道)가 들뜨는 현상이 일어난다. 떨어진 낙엽이 잘게 부서지고 뭉쳐져 배수구 틈을 막는 폐해도 발생한다.

얕게 퍼지는 천근성 뿌리

국도나 지방도의 가로수인 경우, 아주 크게 자란 나무로 인한 그늘은 작물 생육에 지장을 준다. 배추밭 같은 곳에 낙엽이 흩날리면 그 배추는 좀처럼 먹기가 어렵게 된다.

대부분의 조경수와 달리, 메타세쿼이아는 화려한 꽃을 자랑하는 꽃나무가 아니다. 정연한 모습의 나무가 갖는 형태(form)나 선(line)을 주로 활용하는 조경수다.

마사줄에 떨어진 메타세쿼이아 낙엽

낙우송 단풍

시각적인 관점에서 보면, 직선 형상의 건물이 밀집된 곳에는 부드러운 곡선 실루엣의 자연스런 모습으로 자라는 나무가 바람직하다. 메타세쿼이아는 곡선의 부드러운 느낌과는 거리가 아주 먼 나무다. 원뿔을 이루는 날카로운 사선이 강하게 작용하므로, 건물이 밀집된 도심지에 식재할 경우에는 이런 측면을 고려해야 한다.

　　이 나무는 대략 수고(H, Height) 35m, 흉고직경(B, Breast) 2m까지 자라는 것으로 알려져 있다. 너무 크게 자라서 주택 정원에는 적합하지 않지만, 식재공간의 크기에 제한을 받지 않는 공원이나 학교·공장 같은 곳에서는 아주 좋은 조경수가 된다. 촘촘하게 달리는 침엽의 작은 잎은 분진

보스턴 퍼블릭가든(Public Garden)　　저장성 우전(烏鎭) 서책(西柵)

흡착에 탁월한 효과를 발휘한다. 미세먼지가 당면한 사회적 문제가 된 요즘, '미세먼지 차단숲'이나 '미세먼지 저감숲'을 조성하는 데 빼놓을 수 없는 나무가 된다.

한 그루의 독립수로 활용하는 단식(單植)이나, 여러 그루를 모아서 심는 군식(群植) 어느 것이나 어울린다. 군식을 하면 집단(mass)에 의한 양감(volume)을 강하게 느낄 수 있다. 도로 양쪽에 일정한 간격으로 열식(列植)을 하면, 웅장한 분위기와 강한 비스타(vista)를 이루는 초점경관(焦點景觀)을 형성한다. 2열 이상으로 어긋나게 심기[교호식재(交互植栽, zigzag planting)]를 하면, 불필요한 곳을 가리는 대단한 차폐효과를 얻을 수 있다.

도쿄 오다이바(お台場)

담양 메타세쿼이아랜드

**

메타세쿼이아 가로수로 이름난 곳은 전라남도 담양이다. 예전에는 대나무 죽세품이 담양을 대표하는 이미지였지만, 지금은 '메타세쿼이아 가로수'가 대신하고 있다.

　1972년에 처음으로 메타세쿼이아를 가로수로 심었는데, 현재 4,700여 그루가 담양읍과 각 면을 연결하는 도로에 가로수로 식재되어 있다. 한때 담양~순창 4차선 도로 확장으로 처음 심은 나무들이 베어질 위기에 처했으나, 군민들의 헌신적인 메타세쿼이아 살리기 운동으로 지금의 모습을 유지하고 있다.

전국적인 명소로 자리 잡은 담양읍 학동리 '메타세쿼이아 가로수길'은 약 8km 구간에 2,000여 그루를 심었던 곳이다. 옛 국도 바로 옆으로 4차선 국도가 새롭게 개설되면서, 옛길은 콘크리트 포장을 걷어 내고 자전거를 타거나 산책과 명상의 쉼터인 '담양 메타세쿼이아랜드'로 바뀌었다. 식재 이후 40년 이상이 지나 수고(H) 25m, 흉고직경(B) 80cm 내외에 이르는 웅장한 자태를 자랑하고 있는데, 그중 408그루는 2015년에 '국가 산림문화자산 제2015-0001호'로 지정·보호받고 있다.

2002년 '아름다운 거리숲 대상', 2006년 '전국의 아름다운 도로 100선', 2007년 '한국의 아름다운 길 100선 최우수상' 등 많은 상을 받았다. 2011년 '담양 메타세쿼이아 가로수축제'를 시작으로 해마다 메타세쿼이아와 연관된 축제와 음악회를 개최하고 있다.

국가표준식물목록에는 메타세쿼이아를 비롯해, 메타세쿼이아 '골드 러시'(*Metasequoia glyptostroboides* 'Gold Rush'), 메타세쿼이아 '레드 우드'(*Metasequoia glyptostroboides* 'Red Wood') 등이 등재되어 있다.

서울 종로타워

서울대공원

경상국립대학교

메타세쿼이아를 이야기하면서 같은 낙우송과의 '낙우송(*Taxodium distichum*)'을 빼놓을 수 없다.

바늘잎(針葉)을 가진 거의 모든 나무들이 늘푸른(常綠) 나무인 상록침엽교목인 데 반해, 메타세쿼이아와 낙우송은 갈잎(落葉)을 가진 몇 안 되는 낙엽침엽교목(落葉針葉喬木)이다.

속명 *Taxodium*은 'Taxus(주목속)'와 'eidos(닮은)'의 합성어로, '주목(朱木) 잎을 닮은'의 뜻이다. 종명 *distichum*은 '양쪽으로 갈라지는'의 뜻으로, 잎이 양쪽으로 나는 모습을 나타낸다.

양쪽으로 갈라진 주목 잎 모양이라는 '낙우송(落羽松)' 이름은 새의 깃털(羽)처럼 생긴 낙엽(落)을 가진 소나무(松)에서 유래한 것이다. 잎은 '깃꼴겹잎[우상복엽(羽狀複葉)]'이고 이름이 '소나무 송'으로 끝났지만, 소나무와는 아무 연관이 없다. 북미 원산이어서 중국에서는 '美國水松(미국수송)'이라 하는데, 소나무보다는 삼나무와 가깝다고 생각해 '落羽衫(낙우삼)'이라고도 한다. 영명은 'Bald Cypress'가 된다.

낙우송은 메타세쿼이아처럼 오랫동안 화석으로 남았는데, 석탄의 일종인 갈탄(褐炭)은 대부분 퇴적된 낙우송이 만들어 낸 것이라고 한다. 우리나라에는 1920년대에 도입되어 메타세쿼이아와 함께 조경수로 활용하고 있다.

메타세쿼이아와 아주 비슷하게 생겨서 나무 모양[수형(樹形)]으로는 좀처럼 구분이 어렵다. 메타세쿼이아는 잎이 마주나기[대생(對生)], 낙우송은 어긋나기[호생(互生)]로 달린다. 여러 우상복엽이 달리는 모습도 마주나기와 어긋나기의 차이를 보인다.

어릴 때의 수형은 같지만, 자라면서 낙우송은 약간 자연스런 모습에다 부드러운 실루엣을 가진다. 그런데 전문가가 아니면 이런 미묘한 차이를 알기가 어렵다. 메타세쿼이아보다는 낙우송이 드러내는 느낌이나 분위기가 한층 자연스럽고 좋은 것 같다. 배수가 불량한 전라남도 순천만에 입지한 '순천만국가정원' 중앙의 가로수로는 낙우송이, 외곽의 녹지대에는 메타세쿼이아가 식재되어 있다. 어디서나 잘 자라고 늦게 들어왔지만 조경수로 일찍 개발된 메타세쿼이아가 더 많이 쓰이고 있다.

큰 나무로 자란 낙우송 가로수를 오사카 '쓰루미료쿠치(鶴見綠地)'에서 볼 수 있다. 1990년에 '세계꽃박람회(Tsurumiryokuchi Flower Expo.)'를 개최하면서, 중앙대로 가로수의 앞줄에는 낙우송을, 뒷줄에는 메타세쿼이아를 일정한 간격으로 줄을 맞춰 열식했다. 앞줄 전면에 낙우송을 심은 이유는 아무래도 낙우송이 더 자연스러운 분위기를 연출하기 때문이다. 식재 이후로 상당한 시간이 흘러, 아주 크게 자란 낙우송과 메타세쿼이아의 수형 차이를 은연중에 나타내고 있다.

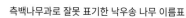

측백나무과로 잘못 표기한 낙우송 나무 이름표　　　　　　　　낙우송과 메타세쿼이아 열매

순천만국가정원

오사카 쓰루미료쿠치

이화여자대학교

성균관대학교 자연과학캠퍼스

수형이 거의 같은 낙우송과 메타세쿼이아는 규격을 표기하는 방식이 같아야 한다. 그런데 조달청 나라장터에 낙우송은 '수고(H)×근원직경(R)', 메타세쿼이아는 '수고(H)×흉고직경(B)'으로 표기하고 있다.

두 나무 모두 뿌리가 얕고 옆으로 퍼지는 천근성 나무다. 나무는 나름대로 살아갈 궁리를 하고 처한 여건에 적절하게 적응한다.

천근성 나무는 지표면에 닿는 근원부(根源部)가 굵고 여러 갈래로 골이 지는데, 근원부에서 위로 올라가면서 줄기[수간(樹幹)]는 급격하게 가늘어진다. 줄기와 뿌리가 이런 모습을 하면, 나무는 아무리 강한 바람에도 쉽게 쓰러지지 않는다.

따라서 조경수의 규격 표기에 있어, 낙우송과 메타세쿼이아는 골이 져서 편차가 심한 근원직경보다는 흉고직경을 표기하는 것이 합리적이다. 두 나무 모두 H4.0×B8, H5.0×B12 등과 같이 '수고×흉고직경'으로 규격을 표기해야 한다.

꽃보다 꽃나무 — 조경수에 반하다

벳푸 벳푸공원(別府公園)

뉴욕 센트럴파크(Central Park)

모든 나무들이 물에 잠기면 죽지만, 낙우송은 물속에서도 자랄 정도로 물을 아주 좋아하는 나무다. 그래서 물이 고향이라는 '수향목(水鄕木)'이나, 늪에 자라는 삼나무라는 '소삼(沼杉)'이라는 이름이 생겼다. 북한에서는 '늪삼나무'로 부르고 있다. 대통령 별장이었던 청남대(靑南臺)에 수질 정화의 목적으로 연못가에 메타세쿼이아를 식재한 사례가 있지만, 물을 좋아하는 메타세쿼이아도 물속에서 살기는 어렵다.

나무뿌리가 질퍽한 땅이나 물에 잠기면 숨을 쉬기가 어렵다. 그래서 원활한 호흡을 위한 특별한 장치나 수단이 있어야 한다. 낙우송에는 숨을 쉬는 뿌리라는 '기근(氣根)'이 발달한다. 물속에 뿌리를 뻗은 낙우송은 오염물질을 제거하고 수질 정화에 탁월한 효과를 발휘하는 나무다.

이러한 기근의 있고 없음이 낙우송과 메타세쿼이아를 구분하는 방법이 된다. 그런데 모든 낙우송에 기근이 나타나는 게 아니므로, 기근이 없다고 메타세쿼이아라고 하면 안 된다. 사람과 문화에 따라 생각은 많이 다른 모양이다. 서양 사람들은 기근이 무릎을 닮았다고 'knee root'라 한다.

고치(高知) 마키노식물원(牧野植物園)

무릎을 닮았다는 울퉁불퉁한 낙우송 기근의 모습은 대단히 신기하게 생겼다. 호치민(胡志明, 1890~1969)의 관저(官邸)였던 베트남 하노이의 '호치민주석관저식물원'에서는 기묘한 모습의 여러 기근이 모인 경이로운 장관을 볼 수 있다. 베트남 사람들은 이런 기근의 모습을 잔잔한 해안(灣)에 기묘한 형상의 작은 섬들이 모여 마치 용(龍)이 내려(下) 앉았다는 하롱베이(Halong

꽃보다 꽃나무 — 조경수에 반하다

광둥성 자오칭(肇慶) 성호경구(星湖景區)

베트남 하노이(Hanoi) 호치민주석관저식물원

꽃보다 꽃나무 ― 조경수에 반하다

'오백나한(五百羅漢)'이라는 별명의 낙우송 기근, 포항 기청산식물원

Bay, 下龍灣)에 비유해 'Little Halong Bay'로 부르고 있다.

　　세계 곳곳에서 신비한 모습의 낙우송 기근을 볼 수 있다. 우리 포항의 기청산식물원(箕靑山植物園)의 기근도 대단한 위용을 자랑하고 있다.

　　낙우송을 비롯해 비늘낙우송(*Taxodium distichum* var. *imbricarium*), 비늘낙우송 '누탄스'(*Taxodium distichum* var. *imbricarium* 'Nutans'), 낙우송 '크레이지 호스'(*Taxodium distichum* 'Crazy Horse') 등이 국가표준식물목록에 등재되어 있다.

삼 천 리 강 산 의   우 리 나 라   꽃

무궁화

무궁화라는 이름은 끝이 없고 다함도 없이 무궁무진하게 계속 피는 꽃에서 유래했다.
꽃 하나가 피면 꽃 하나가 지고, 다시 꽃 하나가 피면 꽃 하나가 다시 진다.
이렇게 끊임없이 피고 지는 무궁화의 특성은
오랜 인고의 세월을 참고 견딘 우리 겨레의 강인한 민족성과 비슷하다.

+

과명 Malvaceae(아욱과) **학명** *Hibiscus syriacus*

+

無窮花, 木槿, 槿花, 薰華草, 舜花, Rose of Sharon

✶✶

무궁화 삼천리 화려 강산 / 대한사람 대한으로 길이 보전하세

———

「애국가」에 나오는 '무궁화(*Hibiscus syriacus*)'는 우리 대한민국의 나라꽃[국화(國花)]이다. 동요 「우리나라 꽃」(박종오 작사, 함이영 작곡)에도 무궁화는 "무궁화 무궁화 우리나라 꽃, 삼천리강산에 우리나라 꽃"으로 나온다.

'무궁화(無窮花)'라는 이름은 끝이 없고 다함도 없이 무궁(無窮)무진하게 계속 피는 꽃(花)에서 유래한 것이다. 꽃 하나가 피면 꽃 하나가 지고, 다시 꽃 하나가 피면 꽃 하나가 다시 진다. 이렇게 끊임없이 피고 지는 무궁화의 특성은 오랜 인고의 세월을 참고 견딘 우리 겨레의 강인한 민족성과 비슷하다는 이유로, 우리 대한민국을 상징하는 나라꽃이 된 것이다.

사실, 무궁화가 공식적인 절차나 법률에 따라 우리나라 국화로 정해진 것은 아니다. 즉, "대한민국의 국화는 무궁화다"라는 명시적인 법률 조항이 있는 것은 아니다. 어떤 나라는 공식적인 절차를 거쳐 법률로 국화

나라꽃 무궁화

를 제정하는 반면에, 어떤 나라는 사회적 관습이나 관념에 따라 자연스럽
게 국화로 인정한다. 무궁화는 공식적인 절차 없이 세월이 흐르면서 자연
스럽게 국화가 된 경우다. 나라꽃을 정하는 목적은 꽃이 지닌 특성에 어떤
의미를 부여함으로써, 하나가 되는 국민으로서의 일체감과 자존심을 높
이는 데 있다.

19세기 말 갑오개혁(甲午改革) 이후 문호가 개방되고 서구 문물이 유입되면서, 대한제국은 서양 여러 나라의 국기(國旗)와 문장·훈장·화폐에 사용된 국화를 접하게 되었고, 자연히 대한제국을 상징하는 국기와 국화에 대한 필요성을 느끼게 되었다. 서재필(徐載弼, 1864~1951)이 독립문을 세우고 태극기가 만들어지고 애국가 가사에 '무궁화 삼천리 화려 강산'이 등장하면서, 무궁화는 대한제국을 상징하는 꽃이 되었다. 이런 무궁화가 일제 강점기를 거쳐 세월이 흐르면서, 우리의 마음속에 자연스럽게 삼천리금수강산을 대표하는 국화로 자리 잡게 된 것이다.

*

무궁화는 나무인데, 이름은 꽃 이름이다. 그래서 '무궁화'라고 하면 나무보다는 무궁화의 꽃을 연상하므로, 보통 나무를 가리킬 때에는 꽃인 무궁화와 구분해 흔히 '무궁화나무'라 부르고 있다. 그러나 국가표준식물명은 무궁화다. 따라서 무궁화나무가 아니고 무궁화가 올바른 표현이다.

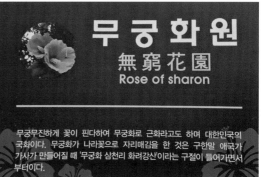

꽃보다 꽃나무 ― 조경수에 반하다

한자는 '槿花(근화)'나 '木槿(목근)'을 쓰는데, 무궁화의 중국명은 '木槿'이다. 한자사전을 검색하면 槿을 '무궁화 근'으로 설명하고 있다.

예부터 우리 민족은 무궁화를 하늘나라의 꽃으로 아주 귀하게 여겼다고 한다. 신라 효공왕(孝恭王, 재위 897~912) 때 최치원(崔致遠, 857~?)이 작성해 당나라 소종(昭宗)에게 보낸 외교문서에는, 신라를 무궁화의 고향이라는 '근화향(槿花鄉)'으로 지칭했다.

고려 예종(睿宗, 재위 1105~1122) 때도 고려를 이같이 불렀다는 기록이 있고, 조선시대 이수광(李睟光, 1563~1628)의 『지봉유설(芝峰類說)』에도 고려의 근화향에 관한 기록이 있다. 강희안(姜希顔, 1417~1464)의 『양화소록(養花小錄)』에는 조선을 '근역(槿域)'으로 불렀다는 내용이 있다.

무궁화를 가리키는 근을 이름에 쓴 사람은 박근혜(朴槿惠, 1952~) 전 대통령으로, 무궁화(槿)의 은혜(惠)라는 뜻이다.

*

무궁화라는 지금의 이름은 고려시대 이규보(李奎報, 1168~1241)의 『동국이상국집(東國李相國集)』에 처음으로 등장한다. 한자어인 목근화(木槿花)에서 지금의 무궁화로 되었다고 한다. 목근화가 세월이 흐르면서 무근화 → 무긍화 → 무궁화로 발음이 변했는데, 한자의 뜻이 좋은 무궁화로 정착되었다는 것이다. 이는 그럴 듯한 추론에 의한 것으로, 정확한 근거는 없다.

한편, 모든 꽃들이 활짝 피었는데 기개 있는 품격의 무궁화만 꽃을 피우지 않아 궁에서 쫓겨나게 되어서, 궁에 없는 꽃이라는 '무궁화(無宮花)'가 변한 것이라고도 한다. 지역에 따라서는 이런 무궁화 발음과 비슷한 무우게, 무게꽃, 무강나무 등으로도 불렀다고 한다.

무궁화의 일본명은 'むくげ(무쿠게)'다. 특별한 뜻은 없고 한자어인 목근화의 일본어 발음을 그대로 따온 것이다. 우리는 목근화가 무궁화로 되었다가, 일본의 무쿠게가 되었다고 한다. 그러나 일본은 자기 나라에서 무쿠게 야생 군락지가 발견되었고, 남쪽 규슈(九州)에서 북쪽 홋카이도(北海道)까지 전 지역에 잘 자라고 있는 나무로, 한반도에서 들어온 것은 아니라고 주장한다.

중국 동진(東晉)의 곽박(郭璞, 276~324)이 편찬했다는, 중국에서 가장 오래된 지리서인 『산해경(山海經)』에는 이런 기록이 있다.

君子之國(군자지국)   군자의 나라에
有薰華草(유훈화초)   훈화초가 있는데
朝生夕死(조생석사)   아침에 피고 저녁에 진다

군자의 나라는 우리나라를, 그윽한 향기(薰)와 눈이 부시게 화려(華)한 '훈화초'는 아침에 피고 저녁에 지는 무궁화를 가리키는 것이다. 반면에 군자의 나라는 우리나라가, 훈화초는 무궁화가 아니라는 반론도 상당하나, 행정안전부 홈페이지(https://www.mois.go.kr) 국가상징 메뉴에 '국화(무궁화)'를 이렇게 설명하고 있으니 믿을 수밖에 없다.

당나라의 시인 백거이(白居易, 772~846)는 「원구에게 술을 권하며(勸酒寄元九)」라는 오행시에서, 밤에는 가지에 꽃이 머무르지 않는 꽃이라는 '근지무숙화(槿枝無宿花)'로 아침에 피고 저녁에 지는 무궁화의 특성을 표현했다.

우리나라와 중국의 이런 옛 기록과 역사적 사실에 따르면, 무궁화는 아주 오래전부터 우리와 함께한 민족의 꽃나무다.

삼천리강산 어디서나 잘 자라는 무궁화, 강원도 고성군 화진포

    신라시대에는 화랑(花郞)이 옷을 치장하는 꽃으로 활용했다. 고려시대 이후에는 장원급제자의 사모(紗帽)에 꽂는 '어사화(御賜花)'로, 궁중에서 잔치가 열릴 때는 신하의 사모에 꽂는 '진찬화(進饌花)'로 사용했다. 혼례를 치를 때 신부가 입는 활옷에 새겨진 화려한 무궁화 수(繡)는 다산과 풍요를 의미한다. 1897년 대한제국이 수립되면서, 오얏나무(자두나무, *Prunus salicina*)에 이어 무궁화가 나라꽃의 역할을 하게 되었다.

※

무궁화의 속명 *Hibiscus*는 이집트 신(神) 히비스(Hibis)에서 유래한 것으로, '히비스 신에게 바치는 꽃'이라는 뜻이다.

우리나라에 자생하는 무궁화속(Genus *Hibiscus*)의 나무는, 제주도에 자라는 '부용(*Hibiscus mutabilis*)'과 노란 꽃 무궁화인 '황근(黃槿, *Hibiscus hamabo*)' 두 종(種)밖에 없다. 황근은 현재 「야생생물 보호 및 관리에 관한 법률」에 따라 '멸종위기 야생생물 Ⅱ급'으로 지정되어 있는 희귀한 나무다. 아쉽게도 나라꽃 무궁화(*Hibiscus syriacus*)는 우리 땅에 자라는 자생종이 아니다.

노란 꽃 무궁화 '황근'

종명인 *syriacus*는 '시리아(Syria)가 원산'에서 유래한 것이다. 그런데 원산지로 알려진 시리아에서는 정작 무궁화를 찾지 못했다고 한다. 여러 논란이 있지만, 무궁화의 원산지는 시리아가 아니고 중국과 인도로 알려져 있다. 이 때문에 명명자 린네(Carl von Linné, 1707~1778)가 학명(*Hibiscus syriacus* L.)을 잘못 붙였다는 것이 일반적인 통설이다. 1753년에 『식물의 종(Species Plantarum)』을 출간하고 이명법(二名法, binominal nomenclature)에 기초해 '학명(學名, scientific name)'을 만든, '식물분류학의 아버지' 린네도 가끔 실수를 하는 모양이다.

영명인 'Rose of Sharon'은 샤론의 장미로, '샤론 평야(Sharon plain)에 피는 장미처럼 아름다운 꽃'이라는 뜻이다. 이스라엘 서쪽의 해안지대인 샤론 평야는 서양 사람들에게는 이상

꽃보다 꽃나무 — 조경수에 반하다

향에 해당하는 축복받은 땅이다. 동양에서는 '복사꽃(Prunus persica) 피는 무릉도원(武陵桃源)'이, 서양은 '장미꽃(Rosa spp.) 피는 샤론 평야'가 유토피아(Utopia) 이상향이다.

＊＊

무궁화는 인기 있는 조경수로 전 세계에서 활용하는 꽃나무다. 우리나라에서는 나라사랑의 열기와 함께 나라꽃 무궁화에 대한 관심이 높아지면서, 수많은 품종이 만들어졌다. 꽃 모양은 홑꽃·반겹꽃·겹꽃으로, 꽃 색깔은 백색·분홍색·홍색·적색·보라색·황색·청색 등 매우 다양하게 나타난다.

무궁화는 다섯 장의 기본 꽃잎이 약간 겹쳐져 꽃 한 송이를 이룬다. 기본형에 해당하는 '홑꽃'은 완전한 형태의 암술과 수술이 모두 있는 양성화(兩性花)로 꽃잎은 다섯 장이다. 이에 반해 '반겹꽃'은 수술의 일부가 기본 꽃잎보다 작은 속꽃잎으로 변한 것이고, '겹꽃'은 암술과 수술 모두 기본 꽃잎과 크기가 비슷한 속꽃잎으로 변해 꽃잎이 많아진 것이다.

무궁화는 꽃잎 색깔에 따라 '배달계(倍達系)', '단심계(丹心系)', '아사달계(阿斯達系)'로 구분한다.

배달계는 꽃잎이 전부 흰색으로, 우리 민족을 나타낸 '배달'에서 이름이 유래한 것이다. 우리 '배달의 백의민족(白衣民族)'은 요즘 사람들이 '배민'으로 부르는 음식배달 중개 플랫폼인 '배달(配達)의 민족'이 아니다.

단심계는 꽃잎 가운데의 꽃술 부분이 붉은 것으로, 우리 민족성을 나타낸 '일편단심(一片丹心)'에서 이름이 유래한 것이다. 한편, 꽃잎 가장자리에 색깔 무늬가 나타나는 것은 아사달계다.

우리나라에는 단심계가 제일 많은데, 꽃잎 가운데의 붉은 단심은 나

반겹꽃

배달계 홑꽃

라와 민족을 향한 불타는 사랑과 열정을 뜻한다. 단심에서 밖으로 퍼져 나
가는 맥(脈)은 발전과 번영을 뜻하며, 이를 '단심선(線)'이라 한다. 단심계는
꽃잎 색깔에 따라 백단심계, 홍단심계, 적단심계, 자단심계, 청단심계 등
으로 세분하고 있다. 분홍색 꽃잎에다 가운데 꽃술 부분이 붉은 홍단심계
(紅丹心系) 홑꽃을 순수 재래종으로 보고 있다.

　　국가표준식물목록에 무궁화와 종명(syriacus)이 같은 나무는 무궁화
'단심'(Hibiscus syriacus 'Tanshim'), 무궁화 '배달'(Hibiscus syriacus 'Baedal'), 무궁화

꽃보다 꽃나무 ― 조경수에 반하다

'아사달'(*Hibiscus syriacus* 'Asadal'), 무궁화 '춘향'(*Hibiscus syriacus* 'Chunhyang'), 무궁화 '안동'(*Hibiscus syriacus* 'Andong'), 무궁화 '광복'(*Hibiscus syriacus* 'Gwangbok'), 무궁화 '화합'(*Hibiscus syriacus* 'Hwahap'), 무궁화 '아프로디테'(*Hibiscus syriacus* 'Aphrodite') 등 200종류 이상이 있다.

✳

무궁화꽃은 새벽에 피기 시작해 정오를 지나 활짝 피고, 해 질 무렵에 오므라들어 밤에 떨어진다. 꽃 한 송이의 수명은 하루다. 새벽에 핀 꽃이 저녁에는 시들지만, 다음 날 아침이면 어김없이 새 꽃이 핀다. 매일 새로운 꽃이 피고 지기를 반복하고 지속적으로 이어진다.

개체에 따라 차이가 있지만, 무궁화 한 그루에서 한 해에 피는 꽃은 대략 2,000~3,000송이라고 한다. 무궁화는 꽃대 아래에서 위로 향해 꽃이 피고, 꽃대가 자라는 동안 꽃이 무궁무진하게 계속 핀다. 이런 방식으로 피는 꽃을 '무한꽃차례[무한화서(無限花序), indefinite inflorescence]'라 한다. 7월에 피기 시작해 늦가을인 10월까지 지속적으로 피므로, 개화 기간은 100일 이상으로 아주 길다.

마음을 향기롭게 하는 들꽃 이야기 『들꽃 편지』를 펴낸 시인 백승훈(1957~)은 「무궁화꽃」에서 이렇게 묘사했다.

———

사랑이 / 내 마음에 피는 꽃이라면
내 사랑은 / 무궁화꽃이었으면 좋겠네
짧은 봄날 / 화르르 피었다가 지는 벚꽃도 아닌
처음의 순백 꽃빛 저버리고 / 갈색으로 지는 백목련도 아닌

무궁화꽃 같은 사랑이었으면 좋겠네

화려하게 피는 꽃일수록 / 질 때는 참혹하게 지는 법인데

석 달 열흘 꽃을 달고 살면서도 / 무궁화는 날마다 새 꽃을 피우고

지는 꽃은 펼쳤던 꽃잎 곱게 갈무려 / 조용히 바닥에 내려놓는다

부디 내 사랑의 끝도 / 무궁화꽃 지듯 정갈하기를

＊

한서 남궁억(南宮檍, 1863~1939)은 일제 강점기에 「황성신문(皇城新聞)」을 창간하고 독립협회 활동에 크게 기여한 독립운동가다. 우리나라에서 처음 정식으로 영어 공부를 한 사람으로, 한때 고종의 어전통역관이었다. 내부(內部) 토목국장 재직 시에는 유럽을 순방한 후, 도로를 넓히고 광장과 공원의 개념을 처음으로 도입했다. 영국 사람 브라운(John Mcleavy Brown, 1835~1926)이 설계한, 우리나라 최초의 근대 공원이라는 '파고다공원(현 탑골공원)'을 만든 민족의 선각자였다.

한서 남궁억 선생

그는 아관파천(俄館播遷) 이후 관직에서 물러나, 「독립신문」 영문판을 제작하고 「황성신문」을 창간해 초대 사장을 지냈다. 1905년 을사늑약(乙巳勒約)으로 나라를 빼앗기자, 배화학당에서 학생들을 가르치며 무궁화 모양으로 수를 놓아 한반도 지도를 만들게 하는 등, 나라사랑을 펼치고 민족정신을 일깨운 우리 겨레의 정신적 지도자였다.

꽃보다 꽃나무 ― 조경수에 반하다

1918년 고향인 강원도 홍천군 서면 모곡리에 내려온 선생은 교회와 학교를 세우고, 민족의 자존감과 애국심을 키우기 위해 묘포장을 만들어 무궁화묘목을 전국에 보급하는 등, 헌신적으로 나라꽃 무궁화 애국운동을 펼쳤다. 「무궁화동산」이라는 노래를 만들어 가르쳤고, 골목길 어귀에서 '무궁화꽃이 피었습니다!'를 외치는 숨바꼭질 놀이도 선생이 만들었다. '무궁화꽃이 피었습니다!'는 어린이들의 단순한 놀이 말이 아니라, 놀이를 통해 우리 겨레의 자주와 주권을 드러낸 강렬한 외침이었다.

선생의 이런 무궁화 애국운동을 일제가 달가워했을 리 없다. 무궁화를 보기만 하면 눈에 핏발이 서는 '눈에피꽃', 만지기만 해도 부스럼이 생기는 '부스럼꽃', 무궁화를 심으면 가족이 일찍 죽는다는 등 허황된 소문을 퍼트려, 우리 무궁화를 아주 나쁜 꽃으로 비하하였다. 결국, 민족의 자주와 독립에 대한 의지를 다지고 민족혼을 불러일으킨다는 것을 구실로, 1933년 선생이 만든 모곡학교(牟谷學校)를 폐지하면서 선생과 교직원들을 체포하고 무궁화묘목 7만여 그루를 불태워 없애버렸다. 인류 역사상 정치

세종특별자치시 무궁화테마공원의 무궁화

홍천 무궁화수목원 무궁화 조형물

적인 이유로 나라꽃이 이렇게 수난을 당한 경우는 거의 없다고 한다.

무궁화 애국운동은 단순한 교육이나 계몽운동을 넘어선, 일제의 억압에 맞서 싸운 겨레의 외침이며, 독립을 갈망하는 구국의 투쟁이었다. 선생은 갖은 고초와 옥고를 치른 후유증으로 조국의 광복을 보지 못한 채, 1939년 세상을 떠났다. 세상을 뜨면서, "내가 죽거든 무덤을 만들지 말고 과일나무 밑에 묻어 거름이 되게 하라!"는 유언을 남겼다. 1923년에 남궁억 선생이 지었다는 「무궁화 예찬시(禮讚詩)」다.

금수강산 삼천리에 각색초목 번성하다
춘하추동 우로상설 성장성숙 차례로다

꽃보다 꽃나무 ― 조경수에 반하다

초목 중에 각기자랑 여러 말로 지껄인다
복사오얏 번화해도 편시춘이 네 아닌가
더군다나 벗지꽃은 산과 길에 번화해도
열흘 안에 다 지고서 열매조차 희소하다
울밑 황국 자랑소리 서리 속에 꽃 핀다고
그러하나 열매있나 뿌리로만 싹이 난다
특별하다 무궁화는 자랑할 말 하도 많다
여름가을 다 지나도 무궁무진 꽃이 핀다
그 씨 번식하는 것 씨 심어서 될 뿐더러
접부쳐도 살 수 있고 꺾꽂이도 성하도다
오늘 한국 삼천리에 이꽃 희소 탄식말세
영원 번창 우리 꽃은 삼천리에 무궁하라

무궁화 열매

* *

씨 뿌려 번식하고, 뿌리로도 싹이 나고, 접붙여도 살고, 꺾어 묻어도 번져
가는, 놀라운 생명력의 무궁화는 잘 산다는 '이생(易生)'이라는 별명이 있는
나무다. 무궁화는 우리 한민족의 강인한 힘과 끈기를 나타내는, 겨레의 꽃
이자 겨레의 나무다.

　　선생의 고향인 홍천군은 역사의 소용돌이에서 민족혼을 깨우친 불꽃
이 되어 나라꽃 애국운동을 펼친 선생을 기리기 위해 다양한 사업을 펼치
고 있다. 군을 상징하는 캐릭터를 무궁화로 정하고, 이를 각종 시설물에
적극 도입하고 있다. 마을과 도로 이름에 무궁화를 넣어 무궁화로 특화된
'무궁화마을'과 '무궁화가로수거리'를 만드는 등, 홍천군이 '대한민국 무

궁화 중심도시'라는 이미지를 널리 알리고 있다. 홍천읍에 '무궁화공원', 서면에는 '무궁화동산', 북방면에는 '무궁화테마파크'와 '무궁화수목원'을 조성했다.

2017년에 문을 연 '무궁화수목원'은 무궁화를 주제로 만든 국내 최초의 공립 무궁화수목원이다. 면적 약 30만m²의 규모로, 입구 광장의 무궁화조형물과 무궁화품종원, 남궁억동산과 같은 무궁화와 직접 연관된 시설과 암석원, 어린이놀이터, 휴게공간, 산책로와 같은 다양한 시설로 구성되어 있다.

홍천군은 해마다 민·관·군의 화합 한마당 '무궁화축제'를 개최해 군민화합과 나라사랑의 축제로 승화시키고 있다. 현재 군을 상징하는 군목(郡木)은 잣나무(*Pinus koraiensis*), 군화(郡花)는 진달래(*Rhododendron mucronulatum*)가 지정되어 있다. 홍천군을 상징하는 나무(잣나무)와 꽃(진달래)을 그대로 두고, '대한민국 무궁화 중심도시'라고 주장하는 것은 아무래도 어색하고 논리에 맞지 않는다. 군목과 군화를 모두 무궁화로 바꾸고 군을 상징하는 캐릭터와 통합해, 무궁화 중심도시로서의 이미지를 부각하는 것이 바람직하다.

홍천군 심벌마크   홍천군 캐릭터, '무궁이'

꽃보다 꽃나무 — 조경수에 반하다

＊

나라꽃 무궁화의 가치와 의미를 되새기기 위해 2007년에 '무궁화의 날'이 선포되었다.

무궁화의 날은 '나라사랑 무궁사랑'이라는 어린이기자단 어린이들이 "우리나라는 왜 나라꽃 무궁화의 날이 없어요?"라는 질문에서 비롯하였다. 나라를 사랑하는 이런 기특한 어린이들이 있는 한, 우리 대한민국의 미래는 걱정할 필요가 없다.

민간단체의 주도로 서명을 받아 국회에 청원하는 등 부단한 노력으로, 정부의 공식 기념일은 아니지만 무궁화의 날이 '8월 8일'로 정해졌다. 옆으로 누운 숫자 8의 모습인 무한대(∞)가 끊임없이 피고 지는 무궁화를 상징한다는 의미에서 8월 8일로 제정된 것이다. 이 무렵은 무궁화의 개화 절정기에 해당하고, 때마침 8월 15일이 광복절이라 나라사랑에 대한 국민적 관심이 아주 높은 시기다.

독립기념관을 비롯한 각 기관과 지방자치단체는 무궁화의 날인 8월 8일부터 광복절인 8월 15일까지의 기간에 대부분 '나라꽃 무궁화축제'를 개최하고 있다. 그러나 우리의 민족혼과 겨레의 얼이 담긴, 나라꽃 무궁화의 가치와 소중함을 알리는 행사가 특정 기간에 한정되어서는 안 될 것이다.

전라남도 고흥 현충공원

정부대전청사의 무궁화

2007년 광복절을 맞은 서울특별시 청사 벽면 설치예술, 「무궁화꽃이 피었습니다」

꽃보다 꽃나무 ― 조경수에 반하다

무궁화가 우리 대한민국의 나라꽃이지만, 아이러니하게도 세계에서 제일 큰 무궁화공원은 일본에 있다.

경상남도 거제 출신의 재일교포 윤병도(1930~2010) 선생이 심혈을 기울여 2002년에 문을 연, 사이타마현(埼玉県) 지치부(秩父)에 있는 '무쿠게자연공원(ムクゲ自然公園)'이 그곳이다.

선생은 어릴 적 떠나 온 조국에 대한 그리움으로, 약 30만m²의 땅에다 무궁화 10만 그루를 심었다. 일본 땅에 하필이면 왜 한국의 나라꽃을 심느냐는 주위의 온갖 비난과 반대를 무릅쓰고 세계 최대의 무궁화공원을 조성했다.

선생이 타계한 2010년 제9회 '산의 날' 기념식에서, 윤병도 선생은 산림휴양문화 발전에 기여한 공로로 국민훈장 모란장을 받았다. 무궁화공원을 만든 공로로 훈장을 받았으니, 이름으로는 모란장보다 무궁화장이 한층 어울린다.

우리 산림조합중앙회에서는 선생의 나라사랑 정신을 기리고 무쿠게자연공원의 무궁한 발전을 위해, 우리 목재로 만든 정자인 단심정(丹心亭)과 솟대를 이곳에 세웠다.

선생은 타계했지만, 해마다 무궁화가 만발하는 여름철에는 'ムクゲまつり(무궁화축제)'를 개최해 무궁화를 무료로 나눠주는 등, 선생이 남긴 나라사랑의 고귀한 뜻을 지속적으로 펼치고 있다.

'가깝지만 먼 나라' 한일 양국이 '가깝고도 가까운 나라'가 되기 위해서는 한국에는 일본을, 일본에는 한국을 알리는 다양한 사업이 필요하다. 이런 관점에서 일본에 대한민국의 나라꽃 무궁화의 의미와 아름다움을 알리는 가교 역할을, 이 무쿠게자연공원이 훌륭히 수행할 것이다.

꽃보다 꽃나무 — 조경수에 반하다

무쿠게자연공원

우리나라 최고의 훈장은 '무궁화 대훈장'이다. 이 무궁화 대훈장은 1949년에 제정된 「무궁화 대훈장령」이라는 법령(대통령령)에 따른 법적 지위를 가진다.

대한민국 국기봉은 무궁화 꽃봉오리이고, 애국가 가사에는 무궁화가 들어 있다. 입법·사법·행정의 3부 기관이 사용하는 문양이 무궁화다. 국회의사당 본회의장의 휘장과 국회의원들이 옷깃에 다는 배지(badge)도 무궁화다. 시민의 손과 발이라는 경찰의 휘장에도 무궁화가 들어 있다.

전라남도 장성의 헐벗은 축령산에 1956년부터 편백(Chamaecyparis obtusa)을 심어 지금의 '장성 편백휴양림'을 만든 공로로 '숲의 명예의 전당'에 헌정된 임종국(林種國, 1915~1987) 선생의 공적비에도, 그가 일생을 바쳐 심고 가꾼 편백이 아니라 무궁화가 새겨져 있다.

무궁화가 주변에 널리 쓰이고 있는 이런 상황임에도, 나라꽃 무궁화는 법률상의 공식 국화로 인정받지 못하고 있다. 19대, 20대에 이어 21대 국회에 무궁화를 대한민국의 국화로 제정하기 위한 「대한민국 국화에 관한 법률(안)」이 발의되었으나, 아직까지 제정되지 못하고 있다.

일장기를 닮았다는 논란의 무궁화 단심(丹心)

꽃보다 꽃나무 — 조경수에 반하다

아주 오래전부터 옛 기록에 나타났으나, "무궁화는 우리 땅에 자라는 자생종이 아니므로, 나라를 대표하는 국화로 적합하지 않다"는 등, 국화 제정에 여러 논란이 있다. 수많은 품종이 만들어진 무궁화의 경우, 특정 품종에 한정해 국화로 지정하기도 어렵다. 진딧물이 많을 뿐 아니라 꽃이 시든 모습도 지저분하고, 움트는 게 늦은 아주 게으른 나무라는 것도 논란이 된다.

한편, 꽃잎 가운데가 붉은 무궁화의 단심(丹心)이 일장기(日章旗)를 닮아, 무궁화가 일본을 의미하는 나무라는 주장도 있다. 일본 전 지역에서 잘 자라는 무궁화가 아무래도 우리의 나라꽃으로는 적합하지 않다는 것이다. 공교롭게도 군국주의 부활을 꿈꾸는 일본의 극우보수단체 '일본회의(日本会議)'를 상징하는 휘장이 무궁화다. 홋카이도 호쿠토(北斗)시를 상징하는 시화(市花)도 무쿠게(むくげ)라고 한다.

여하튼 대한민국의 나라꽃을 제정하기 위해서는 여론 수렴과 논의가 더 필요한 것 같다. 그 법률 시안의 주요 내용은 다음과 같다.

———

대한민국 국화에 관한 법률(안)

제1조(목적)

이 법은 대한민국을 상징하는 국화에 관한 기본적인 사항을 규정함으로써, 국화에 대한 국민의 인식을 제고하고 애국정신을 함양함을 목적으로 한다.

제3조(대한민국의 국화)

① 대한민국의 국화는 무궁화로 한다.

② 국화가 되는 무궁화의 종류는 대통령령으로 정한다.

스위스 인터라켄(Interlaken)

일본 고토히라(Kotohira)

꽃보다 꽃나무 ― 조경수에 반하다

일본 다카마쓰(Takamatsu)

크로아티아 두브로브니크(Dubrovnik)

그리스 메테오라(Meteora)

미국 케임브리지(Cambridge)

무궁화

올림픽공원 평화의광장

서울 어린이대공원

나라사랑에 대한 국민적 관심이 높아지면서 '나라꽃 무궁화명소 선정', '생활권 무궁화동산 조성', '나라꽃 피는 학교 함께 만들기'와 같이, 나라꽃 무궁화를 식재하는 경우가 빠르게 증가하고 있다.

독립기념관이나 서대문독립공원과 같이 국가를 상징하거나 우리 역사와 연관된 장소에 식재계획을 수립할 경우, 무궁화는 빼놓을 수 없는 나무가 된다. 대한민국 제1호 국가정원인 '순천만국가정원'을 개장하면서, 기념식수로 무궁화를 선정한 것도 바로 이런 이유다. 정부청사를 비롯한 공공기관이나 지방자치단체 청사에는 당연히 있어야 하는 나무다.

세종대왕이나 윤봉길 의사와 같은 선현이나 애국열사의 묘소와 동상

꽃보다 꽃나무 — 조경수에 반하다

대한민국 제1호
순천만국가정원

순천만국가정원 지정 기념식수

크고 강한 부산

Dynamic BUSAN

부산광역시청

부산광역시청

주변에 무궁화를 식재하면, 장소가 갖는 상징성은 물론이고 나라사랑의 열기를 한층 높일 수 있다. 도산 안창호(安昌浩, 1878~1938) 선생을 기린 서울 도산공원에서, 선생 묘소에 이르는 길은 양쪽에 조성된 무궁화 산울타리가 이끌고 있다.

나라꽃 무궁화에 대한 열의가 높아지면서, 무궁화를 지속적으로 보급하고 관리하기 위한 제도적 방안이 필요하게 되었다. 「대한민국 국화에 관한 법률」 제정을 적극적으로 추진하는 한편, 산림청은 기존의 「산림자원의 조성 및 관리에 관한 법률」에 '무궁화의 보급 및 관리에 관한 규정'을 새롭게 추가했다. 그 주요 내용은 다음과 같다.

———

산림자원의 조성 및 관리에 관한 법률

제2장 제8절 무궁화의 보급 및 관리

제35조의2(무궁화진흥계획의 수립·시행 등)

① 산림청장은 역사적·문화적 가치가 있는 무궁화를 체계적으로 보급·관리하기 위하여 무궁화진흥계획을 5년마다 수립·시행하여야 한다.

② 무궁화진흥계획에는 다음 각 호의 사항이 포함되어야 한다.

　　1. 무궁화 보급·관리에 관한 기본목표 및 추진방향

　　2. 무궁화 보급·관리 현황 및 계획

　　3. 무궁화 품종 보존·연구 및 개발

　　4. 무궁화 생산기반

　　5. 무궁화 관련 상품 및 콘텐츠 개발 등 이용촉진

　　6. 그 밖에 무궁화 보급·관리에 관하여 대통령령으로 정하는 사항

제35조의5(국가기관 등의 무궁화 식재·관리)

① 국가기관의 장, 지방자치단체의 장, 공공기관의 장, 각급 학교의 장은 무궁화에 대한 애호정신과 국민적 자긍심을 높이기 위하여 그 소관에 속하는 토지에 무궁화를 확대 식재하고 이를 관리하도록 노력하여야 한다.

② 국가 및 지방자치단체는 무궁화를 식재하는 경우에 농림축산식품부령으로 정하는 품종 또는 계통을 우선적으로 식재하여야 한다.

———

이 법률 제35조의2에 따라 처음으로 수립된 무궁화진흥계획(2018~2022)은 '세계로 피어나는 우리나라 꽃 무궁화'라는 비전을 설정하고, 국민들이 무궁화를 친근하고 아름다운 꽃으로 인식해 일상에서 사랑하는 꽃으로 생활화하고 대국민 선호도를 높이기 위해, 다음과 같은 4대 추진전략을 설정하고 이를 구현하기 위한 다양한 실천과제들을 제시했다.

첫째, 국민들이 생활권 주변에서 무궁화를 쉽게 볼 수 있도록 보급을 확대하고 관리를 강화한다.

둘째, 무궁화를 활용한 다양한 상품들을 개발하고 이를 일상에서 이용할 수 있는 환경을 구축한다.

셋째, 국민들이 무궁화를 바로 알고 올바른 인식을 형성해 나라꽃에 대한 자긍심을 갖도록 한다.

넷째, 무궁화축제를 활성화하고 무궁화에 대한 정보와 접근성을 높인다.

이러한 진흥계획에 따라 무궁화 전국 축제 30주년을 맞은 2020년에는, 무궁화를 모티브로 한 디자인과 이를 활용한 사무용품과 여행용품을 개발해, 나라꽃 무궁화가 국민들의 일상 속에 쉽게 자리 잡도록 했다.

꽃보다 꽃나무 ― 조경수에 반하다

무궁화 활용 사례

무궁화는 꽃 피는 기간이 아주 길지만, 수명은 아주 짧은 나무다. 50년 살기가 힘든데, 오래 살면 특별한 지위를 받기도 한다.

2011년 천연기념물 제520호로 지정된, 강릉시 사천면 방동리 22-8번지 강릉 박씨 종중(宗中) 재실(齋室)에 있는 '강릉 방동리 무궁화'는, 우리나라에서 가장 나이가 많고 가장 줄기가 굵은 무궁화다. 수고 4.0m, 수관 폭은 동서 5.7m, 남북 5.9m, 밑동둘레 1.5m 정도로, 나이[수령(樹齡)]는 약 110년(천연기념물 지정년도 기준)으로 추정하고 있다. 분홍색 꽃잎의 가운데 꽃술 부분이 붉은 홍단심계로, 나이가 많지만 아직도 왕성하게 꽃을 피우고 있다. 우리나라에서 가장 오래된 무궁화로, 순수 재래종의 원형을 유지하고 있어 천연기념물로 지정되었다.

천연기념물 제520호 '강릉 방동리 무궁화'

2011년 천연기념물 제521호로 지정된 '옹진 백령도 연화리 무궁화'는 수고 6.3m, 수관폭은 동서와 남북 모두 6.3m, 밑동둘레 1.2m 정도로 우리나라에서 가장 키가 큰 무궁화였다. 이 나무 역시 꽃은 홍단심계로 순수 재래종의 원형을 유지하고 있었으나, 2019년 약 100년의 나이로 수명을 다해 천연기념물에서 해제되었다.

홍단심계

＊＊

아름다운 꽃이 지속적으로 피는 무궁화는 관상 가치가 매우 크나, 활용은 다소 제한적이다. 한 그루를 독립수로 심는 단식도 좋다. 그러나 수형이 좋은 무궁화를 구하기가 상당히 어렵다. 크게 자라는 나무가 아니므로, 잎이 없는 겨울철에는 시각적 빈약함이 드러나는 것은 어쩔 수 없다. 그래서 무궁화는 여러 그루를 모아 집단으로 심는 군식으로 처리하는 경우가 대부분이다.

산청군 삼장면 지방도

서울 무궁화동산

서울여자대학교

국립산림과학원

꽃보다 꽃나무 — 조경수에 반하다

도로변에 줄지어 열식을 하면, 개화기에는 무궁무진하게 피는 꽃이 오랫동안 지속되는 훌륭한 시각 효과를 얻을 수 있다. 그러나 가로수의 나무 밑 그늘과 녹음은 기대하기 어렵다.

무궁화는 맹아력(萌芽力)이 아주 강하고, 가지치기나 전정(剪定)을 매우 좋아하는 나무다. 적당하게 전정을 해야 새 가지가 많이 나오고, 이듬해 꽃이 많이 피며 오래 지속된다. 이런 특성을 활용해 적절한 시기에 가지치기나 전정을 하면, 원하는 모양의 형상수(形象樹, topiary)를 만들 수 있다. 무궁화는 불필요한 시선을 가리거나 영역을 표시하는, 차폐나 경계의 산울타리[수벽(樹壁), hedge] 용도로 활용하기에 대단히 좋은 나무다.

우리 땅 어디서나 잘 살고 잘 자란다고 그냥 방치해서는 안 된다. "해방 이후 정부 주도로 약 3,500만 그루를 심었는데, 그중 90% 이상이 관리 소홀로 죽었다"는 보도가 있었다. 어느 나무나 그렇지만, 식재에 그치지 않고 나라꽃 무궁화 관리에 더욱 많은 관심과 애정을 기울여야 한다.

한남대학교   부산 유엔기념공원

고창 선운사

꽃보다 꽃나무 ― 조경수에 반하다

강릉 선교장 활래정

미국 보스턴의 '한국전쟁 참전용사 기념비(Korean War Veterans Memorial)'에는 무궁화를 기념수로 심어, 공간이 갖는 상징성과 장소적 의미를 잘 나타내고 있다. 이곳에 중심목으로 무궁화를 심은 것은 한국전쟁 참전 추모공간이라는 장소적 맥락에 가장 적합한, 대한민국을 상징하는 나라꽃이기 때문이다.

순천만국가정원에는 나라를 기리는 '현충정원(顯忠庭園)'과 함께 '무궁화원'이 무궁화꽃 모양으로 조성되어 있다. 경기 안산시의 '무궁화동산'에는 태극기를 게양해 장소의 의미나 상징성을 한층 높이고 있다.

왼쪽에 무궁화가 붉게 핀 보스턴 한국전쟁 참전용사 기념비

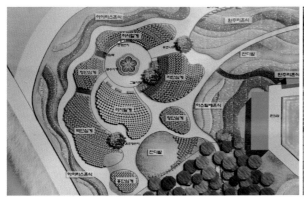

순천만국가정원 무궁화원　　　　　　　　세종특별자치시 무궁화테마공원

나라꽃에 대한 열의와 정원에 대한 사회적 관심이 한층 높아지면서, 행복도시 세종특별자치시는 시민과 함께 참여하는 '무궁화 가든쇼(garden show)'를 개최하고, 무궁화를 주제로 무궁화테마공원을 조성했다. 이곳에는 「무궁화꽃이 피었읍니다」, 「품 안에서 피어나다」, 「무궁산수원」, 「동천, 꽃은 피고지고 다시 또 피네」, 「무궁이란 이름으로 무궁하기를」 등과 같은 다양한 작품을 전시하고 있다.

＊
＊

언젠가 대만의 타이난(臺南) 치메이박물관(奇美博物館)에 간 적이 있다. 박물관에 갔지만 역사학자가 아니기에 산책과 정원 구경에 상당한 시간을 보냈다. 정원에 있는 무궁화 설명판에는, 겹꽃의 무궁화 그림과 함께 영명을 'Shrub Althaea'로 표기하고 있다. Shrub은 관목(灌木)이고, 접시꽃속(Genus Althaea)인 Althaea는 '치료의', '약효가 있는'이라는 뜻의 그리스어

木槿
Shrub Althaea

學名　Hibiscus syriacus
科名　錦葵科 Malvaceae
生育地　低海拔山區
原產地　東亞及台灣
用途　除了可供園藝觀賞外，木槿的樹皮富含纖維，可以製成繩索，其根、莖、葉、花及果實皆可入藥。

Besides its value as an ornamental bark, Shrub Althea also has fibrous bark that can used to make rope, and the roots, stems, leaves, flowers and fruit all have medicinal properties.

대만 치메이박물관 무궁화 설명판

'알타이아(althaea)'에서 유래한 것이다.

접시꽃속도 무궁화와 같은 아욱과(Malvaceae)다. 그러나 무궁화는 무궁화속(Genus Hibiscus)이므로, 혼란을 유발하는 이런 영명은 적절치 않다.

그리고 무궁화를 꽃과 잎, 줄기와 뿌리 모두 약효가 있는 아주 유용한 나무로 설명하고 있다. 무궁화 약효는 『동의보감(東醫寶鑑)』을 비롯한 여러 서적에 나타나 있는데, 한방에서 껍질 목근피(木槿皮), 씨 목근자(木槿子), 꽃 목근화(木槿花)는 효험 있는 약재로 쓰이고 있다. 최근의 연구 결과, 뿌리에는 폐암세포의 증식을 억제하는 아주 유용한 항암물질이 있는 것으로 밝혀졌다.

요즘 '아름다운 여신의 꽃'으로, '로젤 히비스커스(Roselle Hibiscus)'라는 이름의 다이어트 식품으로 각광을 받는 것은 *Hibiscus sabdariffa* 'Roselle'이다. 아프리카 원산으로 성경에 '치유의 꽃'으로 등장하며, 클레오파트라(Cleopatra VII, BC 69~30)는 욕조에 이 꽃잎을 띄워 목욕을 즐겼다고 한다.

Hibiscus sabdariffa 'Roselle'

주로 말린 꽃받침의 분말을 차(Hibiscus tea)로 마시거나 음식에 첨가해 먹는데, 지방 활성화 감소물질인 HCA(Hydroxycitric Acid)와 붉은 항산화 물질인 안토시아닌(Anthocyanin), 그리고 천연 비타민 C와 미네랄을 다량으로 함유하고 있다. 이런 성분들이 탄수화물의 섭취를 막고 대사과정에서 남아 있는 탄수화물의 지방 전환까지 억제해, 결국 체지방이 덜 쌓이게 하는 다이어

트 효과를 나타낸다. 고혈압과 고지혈, 우울증에 효험 있고 피로 회복에다 피부 노화를 막는 항노화 기능까지 있다고 하니, 몸에 좋다는 걸 모두 갖춘 만병통치약인 셈이다.

접시꽃속의 대표적인 식물은 시인 도종환(1955~)의 「접시꽃 당신」으로 널리 알려진 '접시꽃(*Althaea rosea*)'이다. 같은 과(科)로 서로 비슷하게 생긴 접시꽃과 무궁화에는 이런 이야기가 전해 온다.

———

옛날 홀어머니와 함께 사는 착한 아이가 있었다. 삯바느질로 근근이 끼니를 해결할 정도로 집안은 가난했다. 어느 날 바느질하던 어머니 곁에 놀고 있던 아이가 옷감에 얼룩을 묻히고 말았다. 옷감을 변상해 줄 처지가 못 된 어머니는 그냥 몸져눕고 말았다.

누군가가 무궁화 꽃잎이 얼룩을 없앤다는 이야기를 했다. 아이는 무궁화를 얻기 위해 울타리를 무궁화로 심은 집을 찾아 갔다. 욕심 많은 집 주인은 무궁화 한 송이만 달라는 아이의 요청을 차갑게 거절했다.

지나가던 스님이 이 이야기를 들었다. 스님은 집 주인에게 시주 대신에 무궁화를 달라고 했다. 시주도 무궁화도 주기 싫은 집 주인은 자기 집 울타리는 무궁화가 아니라 접시꽃이라고 거짓말을 했다. 스님을 감쪽같이 속였다고 슬그머니 웃은 집 주인이 돌아서서 울타리를 보니, 무궁화는 어느새 접시꽃으로 변해 있었다. 아이 손에는 무궁화가 쥐어져 있었다.

———

여기서 무궁화는 접시꽃과 매우 비슷하게 생겼고, 울타리로 많이 심는 나무라는 것을 알 수 있다.

접시꽃

동남아시아를 비롯한 열대나 난대 지방에서는 사시사철 푸른 모습의 '하와이무궁화(Hibiscus rosa-sinensis)'를 흔하게 만난다. 중국 남부가 원산으로 중국에서는 '扶桑花(부상화)'나 '佛桑花(불상화)', 대만에서는 '朱槿(주근)'이라고 한다. 상록에다 무궁화에 비해 길게 쭉 삐져나온 꽃술이 특징이다.

하와이무궁화는 '하와이에 피는 무궁화'라는 뜻이다. 종명 *rosa-sinensis*의 '중국 장미'와는 아무 관련 없는 하와이를 이름에 넣은 걸 보면, 하와이를 가고 싶고 열대 낙원을 대표하는 곳으로 생각하는 것 같다. 이 나무가 미국 하와이주를 상징하는 주화(州花)라는 이유도 있다.

이런 하와이무궁화는 열대 우림의 나라 말레이시아를 상징하는 국화다. 고액권이나 소액권의 모든 말레이시아 지폐와 동전에는, 위대한 꽃을 뜻하는 '붕아라야(Bunga Raya)'라 부르는 하와이무궁화꽃이 새겨져 있다. 수

대만에서는 **朱槿**
말레이시아 1링깃 지폐

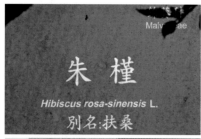

도 쿠알라룸푸르(Kuala Lumpur)의 허파에 해당하는 페르다나식물원(Perdana Botanical Garden)에는, 그들의 나라 꽃에 걸맞게 대규모 '히비스커스 가든(Hibiscus Garden)'이 별도 구역으로 조성되어 있다.

말레이시아에서는 붕아라야 명칭과 하와이무궁화 조형물을 곳곳에서 만난다. 슈퍼 그래픽을 비롯해 이 꽃을 모티브로 한 디자인을 여러 시설물에 다양하게 활용하고 있다.

국가표준식물목록에 하와이무궁화와 종명이 같은 나무는, 하와이무궁화 '코오페리'(Hibiscus rosa-sinensis 'Cooperi')와 하와이무궁화 '위크엔드'(Hibiscus rosa-sinensis 'Weekend') 등이 있다.

쿠알라룸푸르 하와이무궁화 조형물

Hibiscus schizopetalus

Hibiscus rosa-sinensis

무궁화

미얀마 헤호(Heho)

베트남 하노이(Hanoi)

꽃보다 꽃나무 ― 조경수에 반하다

그리스 산토리니(Santorini)

일본 후쿠오카(Fukuoka)

인도 델리(Delhi)

무궁화와 속이 같은 '부용(Hibiscus mutabilis)'과 '미국부용(Hibiscus moscheutos)'도 관상용으로 많이 심는 꽃나무다.

중국에서 '부용(芙蓉)'은 양귀비(楊貴妃, 719~756)와 함께 아름다운 여인을 대표하는 이름이다. 이런 부용은 기생에게 아주 잘 어울리는 이름이다.

송도의 황진이(黃眞伊), 부안의 이매창(李梅窓)과 함께 '조선의 3대 시기(詩妓)'로 불리는 이름난 기생으로, 평안도 성천 출생의 김부용(金芙蓉, 1813~?)이 있다. 그녀가 남긴 350여 편의 시는 신사임당(申師任堂)과 허난설헌(許蘭雪軒)의 시와 함께 조선 시대 여류문학의 정수로 꼽히고 있다. 천안 광덕사 인근에 그녀의 무덤이 있는데, 광덕사는 천연기념물 제398호로 지정된 호두나무(Juglans regia)가 있어 유명한 사찰이다.

한자사전에 부(芙)는 '연꽃 부', 용(蓉)은 '연꽃 용'으로 설명하고 있다. 부용은 '연꽃처럼 아름다운 꽃'이라는 뜻이다. 아름다운 꽃의 대명사는 동양에서는 연꽃, 서양에서는 장미인 것 같다. 장미와 연관해 부용의 영명은 'Confederate Rose', 미국부용은 'Cotton Rose'가 된다.

중국 당나라 때 장안[현 시안(西安, Xian)]에는 아름다운 연꽃으로 유명한 황제의 위락공간인 '부용지(芙蓉池)'가 있었다. 세월이 흘러 지금은 일반 시민들의 위락공간인 '다탕푸룽위안(大唐芙蓉園, 대당부용원)'으로 이름이 바뀌어 오늘에 이르고 있다.

영어로 'Tang Paradise'인 대당부용원은 역사도시 시안을 대표하는 대규모 주제공원(Theme Park)이다. '봉황지(鳳凰池)'라는 이름의 연지(蓮池)가 전체 면적의 약 1/3을 차지할 정도로 연못의 비중이 크다. 밤에는 어둠에 잠긴 연못을 배경으로 레이저 분수 공연이 열린다. 대당부용원은 특히 야간 경관과 조명 연출을 대표하는 특화된 명소로 자리매김하고 있다.

부용

미국부용

시안(西安) 대당부용원(大唐芙蓉園)

꽃보다 꽃나무 — 조경수에 반하다

'부용'은 조경을 전공한 사람들에게는 낯설지 않은 명칭이다. 오히려 귀에 익은 친근한 이름이다.

연꽃 형상의 부용동

고산 윤선도(尹善道, 1587~1671)가 병자호란으로 세상 등질 결심을 하고 제주도로 가던 중 태풍을 피해 보길도(甫吉島)에 잠시 들렀는데, 아름다운 경관에 반해 보길도에 정착해 만들었다는 '부용동(芙蓉洞) 원림'이 있기 때문이다. 고산은 이곳의 지형이 마치 연꽃 봉오리가 터져 피는 것으로 여겨 부용동으로 이름을 지었다.

"하늘은 둥글고 땅은 네모지다"는 세상천지의 상징적 의미를 잘 드러낸 우리의 전통 조경양식, '방지원도(方池圓島)'를 잘 보여주는 곳이 바로 창덕궁(昌德宮) 후원에서 으뜸으로 꼽히는 정자와 연못인 '부용정(芙蓉亭)'과 '부용지(芙蓉池)'다.

부용꽃을 닮아 '부용산(芙蓉山)'이란 이름의 산이 전국에 여럿 있다. 조정래(1943~)의 소설『태백산맥』의 주 무대이자, "주먹 자랑 하지 마라"로 유명한 전라남도 보성군 벌교읍을 둘러싸는 산 이름도 부용산이다.

창덕궁 부용정(芙蓉亭)

벌교에는 낙안군수를 지낸 임경업(林慶業, 1594~1646) 장군이 쌓았다는 '부용산성'의 흔적이 남아 있고, '부용교'나 '부용산식당'과 같은 명칭을 흔하게 만난다. 지금은 '소화(昭和)다리'로 부르는 부용교는 여순사건과 한국전쟁의 상처와 아픔을 고스란히 품고 있는 역사의 현장이다.

이곳에는 「부용산」이라는 제목의 애절한 노래가 전해 온다.

노래 가사는 박기동(1917~2004) 선생이 짧은 생을 마친 누이를 부용산에 묻고 내려오면서 느낀 애달픈 심정을 글로 나타낸 것이다. 이 가사에 당시 목포 항도여중 동료 교사였던 안성현(1920~2006) 선생이 1948년에 곡을 붙여 노래를 만들었다.

안 선생은 김소월(1902~1934)의 시를 가사로, 「엄마야 누나야」를 작곡한 유명한 월북 작곡가다.

「부용산」은 당시 노래가 만들어진 전라도를 중심으로 대단한 인기곡이었다. 그러나 월북 작곡가의 노래라는 이유로 오랫동안 금지곡으로 묶였다가, 남북화해와 복고의 물결을 타고 한영애와 안치환의 애절한 목소리로 새로이 다가오고 있다.

보성군은 부용산음악회를 개최하고 부용산에 노래비를 세우는 등, 이 노래를 '보성군의 노래'로 적극 홍보하고 있다.

부용산과 부용교

우리 근현대사의 비극을 담고 있는 부용교

꽃보다 꽃나무 ― 조경수에 반하다

'부용(*Hibiscus mutabilis*)'은 지리적으로 중국 남부와 대만 그리고 일본 규슈에 분포하며, 우리 제주도에도 자생하는 낙엽활엽관목(落葉闊葉灌木)이다. 우리보다 훨씬 따뜻한 일본 후쿠오카(福岡)시는 애기동백나무(*Camellia sasanqua*)와 함께 부용을 시화(市花)로 지정하고 있다.

부용의 꽃은 대략 지름 10~13cm로, 지름 6~10cm의 무궁화보다 훨씬 크다. 꽃 색깔은 분홍색이 기본이나 흰색, 빨간색, 노란색 등 다양하게 나타난다.

종명 *mutabilis*는 '변하기 쉬운'의 뜻이다. 아침에 연분홍으로 피는 꽃이 낮에는 분홍으로, 그리고 저녁에는 진분홍으로 색깔이 약간 변한다. 색상보다는 짙고 옅은 농담(濃淡)이 변하는 것이다.

부용은 추위에 약해 우리나라에서는 제주도를 제외하고는 월동이 거의 되지 않는다. 그래서 우리 주변에서 보는 것은 자생종인 부용이 아니고 대부분 재배종인 '미국부용(*Hibiscus moscheutos*)'이다.

부용과 달리 미국부용은 여러해살이[다년생(多年生)] 꽃이다. 풀이지만 대부분 나무로 착각한다. 겨울에 말라 죽은 줄기 밑동에서 발생한 맹아가 봄에 자라 여름에 꽃이 핀다. 1년생 묘목이 아주 빠르게 자라 꽃이 피므로, 조기 조경효과가 필요한 곳에 아주 좋은 소재가 된다.

내한성(耐寒性)과 내염성(耐鹽性)이 강하고, 대기오염을 비롯한 각종 공해에도 잘 견딘다. 전국 어디서나 식재 가능하다. 생장력이 좋고 맹아력도 대단히 강하다. 햇볕을 아주 좋아하므로, 좋은 꽃을 보기 위해서는 반드시 양지바른 곳에 심어야 한다. 그늘에서는 생육이 좋지 않고 개화가 불량하다. 척박하고 건조한 곳을 싫어하며, 토심이 깊고 양분이 많은 비옥한 습윤지(濕潤地)를 좋아한다.

미국부용, 우와지마 난라쿠엔(南樂園)

부용, 후쿠오카 시립미술관

꽃보다 꽃나무 ― 조경수에 반하다

거의 모든 사람들은 주변에서 흔히 보는 미국부용을 부용으로 잘못 알고
있다. 식물분류학을 전공했거나 식물에 특별한 관심을 가진 사람이 아니
면, 굳이 부용과 미국부용을 구별할 필요가 없다. 미국부용보다는 부용이
부르기 훨씬 쉽다. 부용과 미국부용은 여러 면에서 차이를 보이고 있다.

소나무 배경의
미국부용

중국 남부가 원산인 부용은 '목본(木本)'으로 낙엽활엽관목이고,
북미 원산인 미국부용은 '초본(草本)'으로 여러해살이
꽃이다. 즉, 부용은 겨울에도 줄기가 살아 있
는 나무이고, 미국부용은 겨울에는 줄기가
말라 없어지며 이듬해 봄에 줄기가 다시
올라오는 풀이다. 부용의 잎은 3~7갈래
의 심장 모양이며, 미국부용은 갈래가 없
는 온전한 타원형이다. 부용의 꽃이 단아
한 아름다움이라면, 미국부용은 꽃이 더
크고 화려한 느낌이다. 부용이 미국부용
보다 일찍 핀다.

국가표준식물목록에 '부용' 이름이
들어 있는 식물은 부용과 미국부용을 비
롯해, 취부용(*Hibiscus mutabilis* var. *verisicolor*),
갯부용(*Hibiscus moscheutos* subsp. *palustris*),
각시부용(*Hibiscus lavateroides*), 부용 '파이
어볼'(*Hibiscus* 'Fireball'), 부용 '로드 볼티모
어'(*Hibiscus* 'Lord Baltimore'), 부용 '스위트 캐
럴라인'(*Hibiscus* 'Sweet Caroline') 등이 있다.

여 자 친 구   이 름 이   아 닙 니 다

미선나무

미선나무는 전 세계에서 오직 우리 한반도에서만 볼 수 있는 아주 귀한 나무다.
우리 땅에 자라는 나무들은 대개 지리적으로 기후대가 비슷한 일본과 중국에도 분포하는데,
오직 우리 한반도에서만 자란다는 것은 대단한 의의가 있다.

+

과명 Oleaceae(물푸레나무과) **학명** *Abeliophyllum distichum*

+

尾扇木, 團扇木, Korean Abeliophyllum, White Forsythia

⁕

'미선나무(*Abeliophyllum distichum*)'는 전 세계에서 오직 우리 한반도에서만 볼 수 있는 아주 귀한 나무다. 우리 땅에 자라는 나무들은 대개 지리적으로 기후대가 비슷한 일본과 중국에도 분포하는데, 오직 우리 한반도에서만 자란다는 것은 대단한 의의가 있다.

미선나무는 개나리(*Forsythia koreana* Nakai)와 매우 비슷하게 생겼다. 그러나 노란 꽃이 피는 개나리와 달리 흰색으로 꽃이 피기 때문에, 영명은 '하얀 개나리'라는 'White Forsythia'가 된다.

개나리와 같은 물푸레나무과(科)지만, 속(屬)은 다르다. 개나리는 개나리속(Genus *Forsythia*)이고, 미선나무는 미선나무속(Genus *Abeliophyllum*)의 유일한 나무다. 물푸레나무과의 미선나무속에 종(種)은 미선나무 하나밖에 없다. 즉, 1속 1종의 '희귀 수종'이자, 우리 고유의 '특산 수종'이다.

우리 땅에서만 자라는 나무지만, 안타깝게도 개나리처럼 우리나라 사람이 아닌 일본의 식물학자 나카이 다케노신(中井猛之進, 1882~1952)에 의해

꽃보다 꽃나무 ─ 조경수에 반하다

세상에 모습을 드러낸 나무다. 일제 강점기에 조선총독부의 막대한 자금과 무장 병력을 지원받아 식물채집 탐사대를 이끈 나카이는 1917년 충청북도 진천에서 이 나무를 채취한 뒤, 1919년 학계에 보고해 명명자로 학명(*Abeliophyllum distichum* Nakai)에 자기 이름을 올렸다. 아이러니하게도 일제 만행에 저항해 3·1 만세운동이 일어났던 바로 그해, 전 세계에서 유일하게 우리 땅에만 있는 나무가 일본 사람에 의해 세상에 알려졌던 것이다.

※

속명 *Abeliophyllum*은 'Abelia(댕강나무속)'와 'phyllon(잎)'의 합성어로, '댕강나무 잎과 비슷한'의 뜻이다. 종명 *distichum*은 '양쪽으로 갈라지는'의 뜻으로, 잎이 마주나는[대생(對生), opposite] 모습을 나타낸다.

실제 미선나무의 잎은 댕강나무(*Abelia mosanensis*) 잎을 무척 닮았다. 잎은 끝이 뾰족하고 밑은 둥근 계란형[점첨두 난형(漸尖頭 卵形), acuminate-ovate]

댕강나무

꽃보다 꽃나무 — 조경수에 반하다

으로, 폭 2~3cm에 길이 3~6cm이고 잎자루[엽병(葉柄), petiole]가 아주 짧다. 앞면은 진한 녹색, 뒷면은 연한 녹색이며, 가장자리는 톱니[거치(鋸齒), sawtooth]가 없고 밋밋하다.

미선나무 꽃은 잎이 나오기 전에 먼저 핀다. 요즘은 게릴라 한파나 지구 온난화로 개화 시기가 일정하지 않지만, 3월 중순에 진달래나 개나리

미선나무

보다 약간 일찍 핀다. 개나리처럼 꽃잎이 네 갈래로 갈라지는 통꽃이고, 가지가 보이지 않을 정도로 꽃이 많이 핀다. 개나리보다 작게 자랄 뿐 아니라 꽃 크기도 작고 많이 피므로, 보다 조밀하고 섬세한 느낌이다. 꽃잎 색깔은 흰색이 대부분이나, 연한 분홍색이 나타나기도 한다.

향기가 거의 없는 개나리와 달리, 향수를 만드는 짙은 꽃향기는 주변을 온통 그윽한 내음으로 적신다. 아름다운 꽃에 취하고 향기로운 내음에 젖으면 모든 시름과 걱정을 잊게 된다. 미선나무의 꽃말 "모든 슬픔이 사라진다"는 여기서 나온 것일까?

이렇게 특성이 다른 미선나무와 개나리를 같이 심으면 꽃을 즐기는 기간을 연장할 수 있다. 나무가 심어지는 식재공간의 색감(色感)은 한층 풍부해진다. 주변을 적시는 그윽한 꽃향기는 덤으로 얻는다. 여기에다 비슷한 용도의 꽃나무로 즐겨 활용하는 조팝나무(*Spiraea prunifolia* f. *simpliciflora*)를 적절히 배식하면, 아주 오랫동안 다양한 식재효과를 누릴 수 있다.

나무 모습이나 생육의 특성으로 보아, 미선나무는 여러 그루를 모아 심는 군식이 바람직한 나무다.

미선나무는 진달래보다 약간 일찍 핀다.

미선. 초등학교 여자친구를 떠올리게 하는 이름이다. 박미선. 누구나 한 번쯤은 들었던 이름이다. 사람 이름은 대부분 '아름다울 미'에 '선할 선'의 미선(美善)이다. 아름답고 착한 사람이라는 뜻이다. 그런데 나무 이름 미선(尾扇)은 사람 이름 미선과는 한자를 다르게 쓴다.

나무 이름 '미선'은 열매가 임금님 뒤(尾)에 있는 궁녀가 들고 서 있는 부채(扇) 모양과 비슷하다는 데서 유래한 것이다. 궁녀들이 곱게 흔들던 커다란 미선은 대나무를 얇게 펴서 그 위에 한지나 명주 천을 붙여 만든 부채로, 주로 궁중의 가례(嘉禮)나 행사에 사용하는 것이다.

'미선나무'라는 이름은 1937년 정태현(鄭台鉉, 1882~1971) 박사가 우리 식물들의 이름을 정리해 발표한 『조선식물향명집(朝鮮植物鄕名集)』에 처음 나타난다.

'부채나무' 미선나무

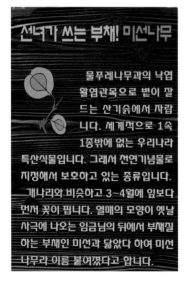

1919년 이 나무에 학명을 붙인 나카이는 '부채나무'라는 일본 이름 'うちわのき(우치와노키)'로 불렀다. 당시는 국권이 찬탈된 내선일체(內鮮一體)의 시대로 일본과 우리나라가 같은 나라였기 때문에, 굳이 한글로 된 나무 이름이 있을 필요가 없었다. 그러나 시골에는 일본어를 모르는 사람들이 많아 한글 이름이 필요하나는 구실로, 우치와노키를 내신해 '미선나무'라는 이름을 갖게 되었다.

누구나 예쁜 이름을 갖고 싶어 한다. 흔히 착각하기 쉬운 아름다운 부채 '미선'이 아니다. 많은 사람들은 보다 예쁜 이름인 미선(美扇)나무로 잘못 알고 있다. 그런데 아리따운 궁녀들이 흔들던 부채(尾扇)가 아름다운 부채가 아닐 수 없다. 어떤 설명판에는 이렇게 적혀 있다.

선녀가 쓰는 부채는 하나가 아니다.

날개가 달린 열매의 모양이 끝이 파인 둥근 부채의 모양을 닮았다고 미선(尾扇)이라 부르기도 하고, 아름다운 부채와 같다고 미선(美扇)이라 부르기도 한다.

둘 다 무방하다고 주장하는 사람도 있으나, '尾扇'이 보다 올바른 표현이다. 그리고 둥근 부채를 단선(團扇)이라 하므로, '단선목(團扇木)'이라 부르기도 한다.

부채 모양의 열매는 중간에 끝이 오목하게 파인 좌우 대칭의 모습이다. 사랑에 목마른 사람들은 이를 하트(♡) 모양에 비유해 '사랑의 열매'라고도 한다. 꽃이 진 뒤 녹색으로 맺는 열매는 점차 연분홍색으로 변하고,

가을이 되면 완전히 갈색으로 익는다.

지름 2~3cm 크기의 열매는 부채 모양의 둥글고 납작한 '시과(翅果, samara)'다. 시과는 열매껍질이 얇은 막의 날개를 이루어 바람을 타고 멀리 날아 흩어지는 열매로, 단풍나무류(*Acer spp.*)가 시과를 맺는 대표적인 나무다. 열매 가운데에는 납작한 씨가 두 개 들어 있다.

한 해를 보내는 연말 거리에 등장하는 '사랑의열매'는 이런 미선나무의 열매가 아니다.

사랑의열매
── 사회복지공동모금회

세 개의 열매는 각각 나·가족·이웃을 상징하며, 열매의 빨간색은 따뜻한 사랑의 마음을, 하나로 모인 줄기는 함께 사는 사회를 만들어 가자는 뜻이 있다. 사랑의열매는 나와 가족을 사랑하는 마음으로 이웃에게 사랑을 전하자는 나눔의 의미를 담고 있는 상징적인 열매다.

많은 사람들이 백당나무(*Viburnum opulus* var. *calvescens*)와 비목나무(*Lindera erythrocarpa*) 열매가 이 사랑의열매와 아주 많이 닮았다고 생각한 모양이다. 언젠가 산림청은 "나·가족·이웃이 사랑의 마음으로 하나가 되는 '사랑의열매'처럼, 겨울 눈꽃 사이로 달린 백당나무의 빨간 열매는 추운 계절에 우리 주위를 돌아보는 따뜻한 눈길과 이웃을 사랑하는 따뜻한 마음을 담고 있다"며 백당나무를 언급했다. 어떤 사람들은 비목나무 열매를 형상화한 것이라 주장한다.

백당나무 열매

창덕궁 후원의 '관람정(觀纜亭)'은 부채 모양으로 시선을 끄는 정자다. 정자 모양도 예사롭지 않지만, 일반적인 사각 현판과 달리 '파초(*Musa basjoo*)'가 그려진 현판은 무슨 까닭일까? 부채 모양으로 만든 특별한 정자인 만큼, 파초 잎 모양의 부채 '파초선(芭蕉扇)'을 그린 현판이 어울릴거라 생각한 선현의 지혜에 감탄할 뿐이다.

창덕궁 후원의 관람정

파초(芭蕉), 산청 대원사

미선나무

＊
＊

미선나무는 뿌리 밑동에서 가지가 나오고 옆으로 퍼져 포기를 이루는 낙엽활엽관목이다. 책에서는 높이 1m 정도 자란다고 하지만, 이보다 크게 자라는 나무를 쉽게 볼 수 있다. 가지는 자주색을 띠며 어느 정도 자라면 아래로 처지는데, 새로 나온 어린 가지의 단면은 둥글지 않고 네모난 것이 특징이다.

생육 조건이 까다롭지 않고 아주 강한 생명력을 지닌 꽃나무다. 개나리처럼 토질을 가리지 않고 자갈밭이나 척박한 암석지에서도 잘 자란다. 큰 나무 밑에 있어 햇볕이 조금 부족해도, 자라는 땅이 비탈에다 약간 메말라도 크게 개의치 않는다. 추위에 견디는 내한성이 강해 전국 어디서나 식재 가능하다.

실생(實生)이나 삽목(挿木)으로 증식이 잘되고 맹아력도 아주 강하므로, 앞으로 유망한 조경수로 활용 가치가 매우 높은 나무다. 그러나 심한 그늘에서는 잘 자라지 않고, 대기오염에도 다소 약한 것으로 알려져 있다.

오직 우리 땅에서만 자라는 나무이므로, 궁궐을 비롯한 우리의 전통 공간에 아주 잘 어울리는 나무다. 국립중앙박물관 입구에는 미선나무를 집단으로 식재해, 우리 고유의 전통 문화를 보존하고 전시하는 장소로서의 의미와 상징성을 나타내고 있다.

환경부는 미선나무를 「야생생물 보호 및 관리에 관한 법률」에 따라 '멸종위기 야생생물 Ⅱ급'으로 지정해 보존해 왔으나, 2017년 멸종위기 목록에서 제외했다. 원래 1속 1종의 아주 귀한 나무로 일가친척 하나 없는 워낙 외로운 집안이었는데, 지금은 자손을 많이 퍼트려 이제는 대가 끊어질 염려가 없다는 것이다. 최근에는 조직배양 단계에서 발광다이오드(LED: Light Emitting Diode)를 이용해 대량으로 증식하는 기술을 개발했다.

천연기념물 제221호 '괴산 율지리 미선나무 자생지'. 펜스 안이 자생지이고, 밖은 복원한 것이다.

미선나무는 우리나라와 북한 모두 천연기념물로 지정해 보호하는 나무다. 문화재청은 자생 군락지를 천연기념물로 지정해 보호하고 있다.

미선나무가 처음 발견된 충청북도 진천군 초평면 용정리의 자생지는 1962년 천연기념물 제14호(진천의 미선나무 자생지)로 지정됐지만, 무분별한 채취로 훼손되면서 7년 만인 1969년 천연기념물에서 해제된 부끄러운 이력이 있다. 이후 군락을 이루는 자생지가 발견되면 천연기념물로 지정해, 현재 충청북도 괴산 3곳과 영동 1곳, 전라북도 부안 1곳이 천연기념물로 지정되어 있다. 이 5곳 중에서 괴산군에 '괴산 송덕리 미선나무 자생지(천연기념물 제147호)', '괴산 추점리 미선나무 자생지(천연기념물 제220호)', '괴산 율지리 미선나무 자생지(천연기념물 제221호)'의 3곳이 있을 정도로, 괴산군은 미선나무로 유명한 고장이다.

향기로운 내음에 젖는 미선나무 꽃길

괴산 미선향 축제 포스터

2009년부터 괴산군에서는 "눈꽃이 내린 것같이 하얗게 물든 미선나무를 보러 오세요!"라는 슬로건으로, 매년 3월 하순에 미선나무 보존과 향토자원 활용을 위한 '미선나무 꽃축제'를 열고 있다. 그런데 지역 꽃축제가 많은 요즘에는 차별화된 축제가 아니면 지속하기가 상당히 어렵다. 이에 미선나무의 은은한 꽃향기에 주목해, 2016년부터 '괴산 미선향 축제'로 이름을 바꾸고, '미선의 고향, 괴산이 들려주는 봄향기'라는 주제로 축제를 열고 있다.

축제는 단순히 미선나무를 홍보하거나 천연기념물 자생지를 관광하는 수준에 그치지 않는다. 괴산 특산의 미선나무를 특색 있는 조경수로 개발함은 물론이고, 지역경제 활성화를 이끌 고부가가치 농작물로 활용하고 있다. 꽃과 잎, 열매의 추출물로 식품을 비롯해 화장품과 의약품을 만들고 있다.

분말로 만들어 미선포크·미선김치·미선두부와 같은 건강식품을 개발하고 있다. 그윽한 꽃내음의 향수와 함께 미백 및 주름 개선, 노화 방지의 효능에 대해 특허를 출원해 화장품을 만들고 있다. 항염증 및 항암, 항알레르기에 특효가 있는 의약품으로도 활용하고 있다.

상아색 꽃이 피는 '상아미선나무'와 꽃받침이 연녹색인 '푸른미선나무'로 구분하기도 했으나, 국가표준식물목록에는 '미선나무(*Abeliophyllum distichum*)'와 연분홍 꽃의 '분홍미선나무(*Abeliophyllum distichum* f. *lilacinum*)'만 등재되어 있다.

우리 땅에서 미선나무가 사라지면 지구에서 영원히 사라진다. 그래서 지속적인 관심과 특별한 조치가 필요한 나무다. 나고야의정서(Nagoya Protocol)의 발효로 더욱 강화된 식물주권(植物主權)을 가장 확실하게 확보할 수 있는 나무가 미선나무다.

봄의 전령사인 개나리와 함께 우리 고유의 특산 수종인 '하얀 개나리' 미선나무가, 미선의 고향 괴산을 넘어 하루빨리 우리 삼천리 금수강산의 봄을 대표하는 꽃나무가 되기를 고대한다.

모든 슬픔이 사라지는 미선나무 향수

미선나무

꽃보다 꽃나무 ― 조경수에 반하다

분홍미선나무

미선나무

밥풀때기보다는 구슬꽃이

좋 아 요　　　박태기나무

박태기나무의 꽃은 밥알과 비슷하게 생겼다.
'밥태기'는 밥알의 사투리로, '박태기나무'라는 이름은 밥태기 모양의 꽃이 피는 나무에서 유래한 것이다.
밥태기나무가 세월이 흐르면서 지금의 박태기나무로 되었다.

+

과명 Fabaceae(콩과) **학명** *Cercis chinensis*

+

구슬꽃나무, 紫荊木, 大明花, Chinese Redbud, Chinese Judas Tree

✳✳

'박태기나무(*Cercis chinensis*)'는 사람 이름을 가진 나무다. 그러면 이 나무의 성은 박, 이름은 태기일까? 아무래도 그런 건 아닌 것 같다.

우리 나무 이름에는 '밥'과 연관된 나무가 많다. "개 눈에는 똥만 보인다"는 속담이 있다. 물론 사람보다 귀한 대접을 받기도 하는 요즘 개에 적용되는 속담은 아니다.

궁핍한 시절의 배고픈 눈에는 모든 게 먹는 것으로 보인다. 초근목피(草根木皮)로 연명하던 굶주린 춘궁기에 하얗게 피는 꽃을 보면, 하얀 입쌀이나 좁쌀로 지은 밥인 '이밥'과 '조밥'이 머리에 떠오른다. 북한에서는 쌀밥을 이밥이라고 한다. 이 시기에 하얗게 꽃이 피는 대표적인 나무가 '이팝나무(*Chionanthus retusus*)'와 '조팝나무(*Spiraea prunifolia* f. *simpliciflora*)'다. 이팝나무는 '이밥나무'가, '조팝나무'는 '조밥나무'가 변한 것이다. 지금은 쌀이 남아 처치 곤란이라고 하니, 세상은 무척이나 빨리 변하는 것 같다.

북한에서는 '구슬꽃나무'

박태기나무 꽃은 밥알과 비슷하게 생겼다. '밥태기'는 밥알의 사투리로, '박태기나무' 이름은 밥태기 모양의 꽃이 피는 나무에서 유래한 것이다. 밥태기나무가 세월이 흐르면서 지금의 박태기나무로 되었다. 지방에서는 아직도 '밥티기나무', '밥티나무', '밥풀때기나무' 등으로 부르고 있다.

이팝나무   조팝나무

꽃보다 꽃나무 ― 조경수에 반하다

모양은 밥알처럼 생겼지만, 색깔은 밥알의 흰색이 아니다. 우리보다 훨씬 배가 고프다는 북한에서는 아이러니하게도 밥알이 아니라 예쁜 구슬에 비유해 '구슬꽃나무'로 부르고 있다. 배고픈 사실을 숨기고 싶었던 건 분명 아닌 것 같다. 배가 아주 고프면 '구슬꽃'과 같은 예쁜 이름이 절대 나오지 않는다.

그런데 우리 국가표준식물목록에도 '구슬꽃나무(*Adina rubella*)'가 있다. 꼭두서니과(Rubiaceae)의 이 나무는 국명(國名)보다는 '중대가리나무'라는 흥미로운 일반명(一般名)으로 널리 알려진 나무다. 북한에서는 '중대가리나무'라고 한다. 같은 나무를 두고 남과 북의 표현이 다른데, 구슬꽃나무는 우리 이름이, 박태기나무는 북한 이름이 더 좋은 것 같다.

소설가 박완서(朴婉緒, 1931~2011)는 단편「친절한 복희씨」에서 그녀 특유의 감성어린 눈으로, 순박한 시골 처녀가 남자의 손길에서 느낀 흥분과 떨림을 박태기나무 꽃에 빗대어 이렇게 묘사했다.

———

나는 내 몸이 한 그루의 박태기나무가 된 것 같았다.

봄날 느닷없이 딱딱한 가장귀에서 꽃자루도 없이 직접 진홍색 요요한 꽃을 뿜어대는 박태기나무, 헐벗은 우리 시골 마을에 있던 단 한 그루의 꽃나무였다.

내 얼굴은 이미 박태기꽃 빛깔이 되어 있을 거였다. 나는 내 몸에 그런 황홀한 감각이 숨어 있는 줄을 몰랐다. 이를 어쩌지? 그러나 박태기나무가 꽃 피는 걸 누가 제어할 수 있단 말인가?

———

문학적 표현과 상상보다 문장과 용어에 주목하면, "딱딱한 가장귀에

'중대가리나무'로 불리는 구슬꽃나무

서 꽃자루도 없이"라는 부분은 박태기꽃의 특징을 정확하게 표현하고 있다. '가장귀'는 나뭇가지의 갈라진 부분을 가리키는 우리말이다.

대부분의 꽃나무들은 가지 끝[정생(頂生)]이나 잎겨드랑이[엽액(葉腋)]에서 꽃대[화축(花軸)]를 뻗고, 원뿔 모양[원추(圓錐)]이나 우산 모양[산형(繖形)]의 꽃차례[화서(花序)]에 따라 꽃자루[화경(花梗)]가 달리는 꽃이 핀다. 그러나 박태기나무는 박완서의 표현처럼, 이런 원칙을 완전히 무시하며 아주 특별한 방식으로 꽃이 피는 나무다.

박태기나무는 꽃대나 꽃자루를 만들지 않는다. 나무 몸체 아무 곳에다 꽃대나 꽃자루 없이 바로 꽃망울을 맺는다. 심지어 땅 위로 노출된 뿌리에도 바로 꽃망울을 맺어 꽃이 핀다. 꽃대나 꽃자루 없이 나무 몸체에 바로 붙어서 꽃망울을 맺고 벌어지기 때문에, 꽃 모양이 밥알처럼 보이는 것이다. 몸체에 다닥다닥 붙어 꽃망울 맺는 모습을 가족의 우애나 화목에 비유한 옛 이야기가 전해 온다.

중국 남북조시대의 양(梁)나라(502~557) 때 전진(田眞)이라는 사람이 두 아우와 함께 살았는데, 부모님이 돌아가시자 분가하기로 하고 재산을 공평하게 나누기로 했다.

그런데 뜰에 있는 박태기나무가 문제였다. 의논 끝에 공평하게 세 부분으로 나누어 갖기로 했다. 이 말을 들은 나무는 그냥 시들어버렸다. 이를 본 전진이 두 아우에게 말했다.

"본래 한 뿌리에서 자란 같은 줄기인데, 잘라 나누겠다는 우리 말을 듣고 시들어버렸구나. 우리 삼형제가 박태기나무보다 못하구나." 삼형제가 깨우치자, 나무는 예전처럼 활기를 되찾았다. 다닥다닥 붙어 꽃망울을 맺는 모습을 사이좋은 형제의 모습으로 생각해, 박태기나무는 가족의 우애나 화목을 뜻하는 나무로 집에 즐겨 심었다.

———

꽃은 잎이 나오기 전에 적게는 7~10개, 많게는 20~30개가 모여 핀다. 앙증스러운 모습의 꽃에는 진한 향기 속에 독성을 감추고 있다. 꽃부리[화관(花冠)]는 지름 1.2~2.0mm로 나비 모양의 '접형화관(蝶形花冠, papilionaceous corolla)'이다. 꽃 색깔은 그냥 붉은색이라고 하나, 진한 분홍색 또는 보랏빛의 자홍색이라고 해야 보다 정확한 표현이다. 한자명 '紫荊花(자형화)'와 '紫荊木(자형목)', 영명 'Chinese Redbud'는 이런 꽃 색깔에서 나온 것이다. 간혹 하얀 쌀밥처럼 흰색으로 피는 꽃도 볼 수 있다.

몸체에 다닥다닥 붙어 꽃망울을 맺는 박태기나무

※
※

새의 날개 모습을 형상화했다는 홍콩컨벤션센터(香港會議展覽中心, Hong Kong Convention and Exhibition Centre)는 1997년 7월 1일 영국이 중국에 홍콩을 반환한 역사적인 장소다. 입구 광장은 금빛의 자형화 조형물이 있어 '금자형광장(金紫荊廣場, Golden Bauhinia Square)'으로 부르고 있다.

홍콩 정부기

조각상은 중국 국무원(國務院, 중앙인민정부)이 반환을 기념해 홍콩특별행정구 정부에 기증한 것으로, 바닥에는 자형화가 영원히 피기를 염원하는 <永遠盛開的紫荊花(영원성개적자형화)>라는 글귀가 새겨져 있다. 여기서 자형화는 박태기나무(Cercis chinensis)가 아니라, 홍콩 정부기(旗)에 그려진 'Bauhinia blakeana'를 가리키는 것이다.

날개 모습을 형상화했다는 홍콩컨벤션센터 야경

입구 광장의 양자형 조형물

꽃보다 꽃나무 ― 조경수에 반하다

둘 다 자형화로 부르고 있으나, 박태기나무는 '중국자형(中國紫荊)', 홍콩을 상징하는 나무는 서양에서 들어온 '양자형(洋紫荊)'으로 구분하고 있다. 홍콩을 상징하는 *Bauhinia blakeana*는 난(蘭) 모양의 꽃이 피는 홍콩 나무라는 'Hong Kong Orchid Tree', 잎 모양이 낙타의 발자국을 닮아 'Camel's Foot Tree'라는 이름으로도 통용되는데, 열대나 난대 지방의 인기 있는 조경수로 활용되고 있다.

속명 *Cercis*는 '칼집'을 뜻하는 그리스어 '서시스(cercis)'에서 유래한 것으로, 박태기나무는 칼집 모양의 납작한 열매를 맺는 콩과식물의 특성을 나타내고 있다.

　종명 *chinensis*는 '중국(China)이 원산'이라는 뜻이다. 중국에서는 가족의 우애나 화목을 뜻하는 나무로 생각해, 오래전부터 정원수로 즐겨 심어 왔다. 우리나라에는 명나라(1368~1644) 때 들어와 '대명화(大明花)'라는 이름이 생겼다.

　박태기나무는 뿌리 밑동에서 여러 줄기가 올라와, 가지를 뻗어 포기를 이루는 나무다. 생육 환경이 좋으면 5m 높이까지 자라는 낙엽활엽관목이다. 책에는 5m까지 자란다고 하지만, 우리 주변의 나무들을 유심히 살피면 아무래도 과장이 심한 것 같다.

　콩과식물이므로 메마르고 황폐한 땅에서도 잘 자란다. 콩과식물과 공생(共生)하는 뿌리혹박테리아는 뿌리에 지름 1~2mm 정도의 혹을 만들고, 그 속에 살면서 공기 중의 질소를 고정한다. 공기 중의 질소를 식물이 직접 이용할 수는 없는데, 뿌리에 있는 뿌리혹박테리아는 이 질소를 암모니아로 만들어 단백질이나 아미노산으로 합성할 수 있게 한다. 뿌리혹박테리아는 공기 중의 질소를 고정해 식물에게 양분을 제공하고, 그 대신에 식물로부터 이산화탄소를 받아 생명을 유지하는 공생 관계를 이루는 것이다.

　뿌리혹박테리아는 호기성(好氣性)으로 공기와 접촉이 많은 토양 표층부에 많다. 따라서 박태기나무는 점질토(粘質土)보다는 기공(氣孔)이 발달한 사질토(砂質土)에서 생육이 좋다. 사질토의 척박한 땅에서 잘 자라므로, 비탈을 이루는 경사지나 도로 절개지 녹화에 아주 좋은 나무가 된다.

내한성이 강해 전국 어디서나 식재가 가능하다. 내음성도 강해 항상 그늘이 지는 곳에 즐겨 심는다. 가지치기에 잘 견디고 맹아력도 강해 전정으로 원하는 형태를 쉽게 만들 수 있다. 특히 내염성(耐鹽性)이 강해 간척지나 해안 매립지의 조경수로 활용하기에 아주 좋은 나무다.

척박한 땅에서 잘 자라는 박태기나무는 경사지나 절개지 녹화에 아주 좋은 나무다.

박태기나무만큼 사람 이름을 닮은 나무가 없지만, 이 나무만큼 하트 모양
의 잎을 가진 나무도 없다.

수수꽃다리(*Syringa oblata* var. *dilatata*)와 계수나무(*Cercidiphyllum japonicum*)
가 하트 모양의 잎으로 유명하지만, 박태기나무 잎이 하트에 더 가까운 완
벽한 심장 모양이다. 잎은 끝이 뾰족한 심장 모양[예첨두 심장저(銳尖頭 心臟底)]
이고 어긋나기로 달린다. 두꺼운 혁질(革質)로 반질거리는 짙은 녹색의 잎
에는 엽맥(葉脈)이 뚜렷하게 나타나는데, 찬바람 이는 가을에는 노랗게 단
풍이 든다.

산울타리 식재

꽃보다 꽃나무 — 조경수에 반하다

칼집 모양의 납작한 협과   단풍

열매는 칼집(콩깍지) 모양의 납작한 '협과(荚果, legume)'다. 하나의 심피(心皮, carpel)에서 씨방(子房, ovary)이 발달한 것으로, 가운데를 따라 대개 2개로 갈라진다. 녹색으로 맺는 열매는 가을에 흑갈색으로 변하고, 겨울철 내내 떨어지지 않고 매달려 있다.

열매를 매단 채 꽃이 피는 박태기나무를 흔히 볼 수 있는데, 이를 열매와 꽃이 서로 만나는 나무인 '실화상봉수(實花相逢樹)'라 한다. 꽃은 떨어지지 않은 열매가 되어 이듬해 피는 꽃과 다시 만나는 것을 조상이 후손을 반갑게 맞는 것으로 여겨, 실화상봉수는 가족의 우애나 화목을 뜻하는 나무로 생각했다. 이런 의미는 꽃과 잎이 서로 만나지도 못하는 '상사화(相思花, Lycoris spp.)'를 더욱 애처롭게 만든다.

국가표준식물목록 박태기나무속에 박태기나무와 종명(chinensis)이 같은 나무는 흰박태기나무(Cercis chinensis f. alba)와 박태기나무 '아본데일'(Cercis chinensis 'Avondale')이 있다.

경상국립대학교

꽃보다 꽃나무 — 조경수에 반하다

서울로 7017

서울 경춘선숲길

서울숲

중국이 원산인 박태기나무와 달리, 유럽 원산으로 흔히 '유다나무(Judas tree)'로 알려진 나무가 있다. 예수님을 배반하고 죄책감에 사로잡힌 가룟 유다(Judas Iscariot)가 목매어 죽은 나무라는 것이다.

16세기에 카스트로 두란테(Castro Durante)라는 화가가 이 나무에 유다가 목맨 그림을 그렸다는데, 성경에 유다가 목매 자살했다는 나무에 대한 언급은 없다고 한다.

파리 라데팡스(La Défense)

유다나무는 박태기나무와 비교할 수 없을 정도로 훨씬 크게 자라는 나무다. 높이 12m까지 자라는 교목(喬木)이라고 하니, 나무에 목매는 건 그다지 문제가 되지 않는다. 그런데 유다가 실제 이 나무에 목을 매서 죽었던 것일까?

이런 유다나무의 국명은 '유다박태기나무(Cercis siliquastrum)'다. 더러운 죄인이 목을 매 더러운 나무가 된 사실이 너무나 부끄러워 얼굴이 붉어져, 당초 흰색으로 꽃 피던 나무가 붉은색으로 꽃 색깔이 바뀌었다고 한다. 성경에 유다박태기나무에 대한 언급은 없지만, 이 나무는 성경에 자주 등장하는 골란 고원(Golan Heights)에 주로 자란다고 한다.

국가표준식물목록에 유다박태기나무와 종명(siliquastrum)이 같은 나무는 흰유다박태기나무(Cercis siliquastrum f. albida)와 유다박태기나무 '보드난트'(Cercis siliquastrum 'Bodnant')가 있다.

**

조경공사 현장에서 '미국박태기나무'로 부르는 나무는 사실 '캐나다박태
기나무(*Cercis canadensis*)'다. 캐나다박태기나무를 미국박태기나무로 부르는
걸 보면, 아무래도 캐나다보다 미국이 훨씬 가까운 나라인 모양이다. 종명
*canadensis*에서 짐작할 수 있듯이, 이 나무는 캐나다가 원산인 나무다.
박태기나무보다 크게 자라는 나무로, 수형이 큰 만큼 잎과 꽃도 더 크다.

국가표준식물목록에 캐나다박태기나무와 종명(*canadensis*)이 같은 나
무로는 캐나다박태기나무 '코베이'(*Cercis canadensis*
'Covey'), 캐나다박태기나무 '포레스트 팬지'(*Cercis
canadensis* 'Forest Pansy'), 흰캐나다박태기나무(*Cercis
canadensis* f. *alba*), 흰캐나다박태기나무 '로열 화이
트'(*Cercis canadensis* f. *alba* 'Royal White'), 텍사스박태기나
무(*Cercis canadensis* subsp. *texensis*), 텍사스박태기나무 '홀
랜디'(*Cercis canadensis* subsp. *texensis* 'Hollendi') 등이 있다.

캐나다박태기나무

이젠 100일을 기다린다는

애 달 픈 꽃   배롱나무

배롱나무라는 이름은 '백일홍나무'에서 나온 것이다.
백일홍나무, 배기롱나무라고 부르다가 차츰 음절이 줄어 배롱나무가 되었다.
지금도 많은 사람들이 백일홍, 백일홍나무, 나무백일홍, 목백일홍 등으로 부르고 있는데,
배롱나무가 국가표준식물명이다.

+

과명 Lythraceae(부처꽃과) **학명** *Lagerstroemia indica*

+

백일홍나무, 목백일홍, 紫薇花, 怕痒樹, Crape Myrtle

✻

花無十日紅(화무십일홍)　열흘 이상 붉게 피는 꽃은 없다

———

이는 "한없이 지속되는 절대 권력은 없다"는 권력무상의 '권불십년(權不十年)'과 서로 통하는 말이다.

　그런데 열흘 이상 붉게 피는 꽃이 정말 없을까? 열흘을 훨씬 넘어 100일 동안이나 붉게 피는 꽃이 있다. '백일홍(百日紅)'이 그것으로, 꽃 '백일홍(*Zinnia elegans*)'과 나무 '배롱나무(*Lagerstroemia indica*)'가 이에 해당한다. 둘 다 오랫동안 아름다운 꽃이 피는, 우리 생활공간 주변에서 흔히 보는 꽃과 나무다.

　배롱나무라는 이름은 '백일홍나무'에서 나온 것이다. 백일홍나무, 배기롱나무라고 부르다가 차츰 음절이 줄어 배롱나무가 되었다. 지금도 많은 사람들이 백일홍, 백일홍나무, 나무백일홍, 목백일홍 등으로 부르고 있

꽃보다 꽃나무 ― 조경수에 반하다

덕수궁 석조전 앞 배롱나무 군식

는데, 배롱나무가 국가표준식물명이다. 100일 동안 붉게 핀다는 배롱나무
에는 애틋한 이야기가 전해 온다.

아주 먼 옛날 어느 바닷가 마을에 언젠가부터 이무기가 나타나, 해마다 처
녀를 제물로 바치지 않으면 지나가는 배들을 침몰시켜 사람들이 살 수가
없었다.

어느 해 마을 촌장의 딸이 제물로 뽑혀 마지막 단장을 하고 이무기가 나타나기를 기다리던 중, 마침 지나가던 청년이 이런 사정을 듣게 되었다. 청년은 촌장 딸을 구하기 위해 싸워서 이무기를 죽였고, 청년과 처녀는 서로 사랑하는 사이가 되었다. 그런데 청년은 왕명(王命)을 받아 다른 곳으로 가야 할 임무가 있었기에, 이를 마치고 100일 후에 이곳으로 돌아오겠다는 약속을 하고 갈 길을 떠났다.

사랑하는 이런 사이에는 아주 짧은 이별이라도 아주 길게 느껴지는 법이다. 100일을 천추(千秋)처럼 느낀 처녀는 기다림에 지쳐 그만 죽고 말았다. 약속대로 100일 후에 돌아온 청년은 처녀의 죽음을 듣고 몹시 슬퍼했다. 눈물이 떨어진 처녀의 무덤에서는 나무가 자라났다. 그 무덤에서 자라난 나무에서는 "이제는 100일을 기다리겠다"는 뜻으로, 붉은 꽃이 100일 동안 계속해서 피었다.

———

100일의 개화 기간을 강조한 이런 이야기가 있는 반면, 붉게 피는 꽃 색깔에 보다 무게를 둔 비슷한 이야기도 있다.

———

사랑하는 처녀가 제물로 정해지자 연인 사이였던 청년은 이무기와 싸우러 떠났고, 이기면 멀리서도 빨리 알 수 있게끔 배에다 흰 깃발을 꽂고 돌아온다고 약속했다.

무사귀환을 간절히 바라며 승리를 의미하는 흰옷을 입고, 바닷가 절벽에서 연인 오기를 손꼽아 기다리던 처녀의 눈에 아스라이 배가 보였는데, 기대와 달리 피로 물든 붉은 깃발이었다.

사랑하는 연인이 싸우다 죽었다고 생각한 처녀는 차디찬 바다에 몸을 던졌다. 사실은 청년이 이긴 것인데, 이무기가 마지막 몸부림을 치면서 피가 흰 깃발에 튀어 붉게 된 것이었다.

흰옷을 입고 바다에 몸을 던진 처녀의 무덤에서 자라난 나무에서는 "이제는 사랑하는 사람과 영원히 같이하겠다"는 뜻으로, 연인의 깃발과 같은 붉은 색깔의 꽃이 계속해서 피었다.

연인의 깃발과 같은 붉은 색깔의 꽃이 100일 동안 계속해서 핀다는 배롱나무 꽃

원산지에서 만난 배롱나무, 인도 카주라호(Khajuraho)

*
*

오랫동안 꽃이 피는 배롱나무는 외부공간을 아름답게 꾸미거나 관상용으로 심는 꽃나무다.

Crape Myrtle

　꽃이 아주 오랫동안 피더라도 주변에 다른 꽃이 있으면 가치가 떨어지는 법이다. 희소성의 원칙으로, 주변에 다른 꽃이 없을 때 피는 꽃이 더욱 소중하다. 나무는 대부분 봄에 꽃이 피고 다른 계절에는 꽃을 찾아보기가 쉽지 않다. 배롱나무는 꽃을 보기 어려운 여름에 오랫동안 꽃이 피므로, 더욱 귀하고 가치 있는 꽃나무가 된다. 그런데 가뜩이나 무더운 여름에 배롱나무 붉은 꽃 때문에 더 덥다고 짜증스럽게 말하는 사람도 있다. 이 나무의 꽃 색깔은 불타오르는 듯한 느낌의 강렬한 온색(溫色)이다.

　속명 *Lagerstroemia*는 스웨덴의 식물학자 '라게르스트롬(Magnus von Lagerström, 1696~1759)', 종명 *indica*는 '인도(India)가 원산'에서 유래한 것이다. 따뜻한 나라가 원산이므로 여름에는 꽃이 피고 잘 자라지만, 겨울 추위에는 약하다는 것을 짐작할 수 있다.

배롱나무는 독특한 나무껍질[수피(樹皮)]로도 눈길을 끄는 나무다. 수피가 매끄럽게 벗겨진 채로 밖으로 드러나는데, 이는 옷을 벗은 알몸 상태가 되는 것이다. 알몸 상태의 이 나무는 추위에 약할 수밖에 없다. 그러나 이런 단점이 장점이 되기도 한다.

매끄럽게 보이는 줄기[수간(樹幹)]는 연한 갈색 바탕 위에 껍질이 벗겨지면서, 다른 나무에서는 좀처럼 보기 어려운 알록달록한 문양이 나타난다. 모과나무(*Pseudocydonia sinensis*)나 노각나무(*Stewartia koreana*)도 이런 특성의 수피를 갖는 나무다.

이런 수피와 연관해 예부터 간지럼을 잘 타는 나무로 여겨져 '간지럼나무'라는 별명이 생겼다. 배롱나무의 밑둥치를 손가락으로 살살 긁으면, 나무 끝에 달린 잎이나 꽃이 마치 간지럼을 타는 것처럼 흔들린다는 것이다. 잎이 떨어진 겨울에는 가지까지 흔들린다고 한다. 그러나 이는 전혀

나무껍질이 벗겨지면서 매끄럽게 드러나는 '간지럼나무'

과학적 근거가 없는 과장된 이야기다. 나무를 흔들 만한 충분한 힘이 가해지지 않는 한, 나무가 흔들리는 경우는 결코 없다. 실제로 흔들렸다면 아무리 살살 긁었다고 하더라도 나무를 흔들 힘이 가해졌다는 것이다. 아니면 흔들릴 정도로 바람이 살짝 불었는데, 그 바람을 느끼지 못한 것이다.

간지럼나무라는 별명은 수피가 우둘투둘한 껍질 없이 매우 매끄럽게 드러나 있는 특성에서 나온 것이다. 이는 피부결 고운 사람이 거친 사람에 비해 간지럼을 잘 탄다는 생각에서 나온 흥미로운 나무 이름이다. 언젠가 "어, 피부가 장난이 아니네!"라는 광고 카피의, 피부가 장난이 아닌 나무가 배롱나무다.

제주도 사투리는 알아듣기 힘든 경우가 많다. 제주도에서는 간지럼을 '저금', 나무를 '낭'이라고 해서 간지럼나무를 '저금낭', '저금타는낭'으로 부른다. 예전에는 이 나무의 수피가 매끄럽게 드러난 것을, 살은 없고 뼈만 남은 추하고 불길한 모습으로 여겨서 심는 것을 꺼렸다고 한다.

간지럼나무를 뜻하는 한자는 가려움(癢)을 두려워하는(怕) 나무라는 '파양수(怕癢樹)'다. 이런 매끄러운 수피의 특성과 연관해, 일본에서는 이 나무를 '사루스베리(サルスベリ)'라고 한다. 원숭이가 미끄러지는 나무, 즉 '몽키 슬라이드(Monkey slide)'라는 뜻이다. 이는 배롱나무의 수피가 아주 매끄러워 나무를 잘 타는 원숭이도 미끄러진다는 데서 유래한 것이다.

원숭이가 미끄러진다는 '사루스베리'

나라마다 사람 생각은 다른 모양이다. 서양 사람들은 이를 강물이 흐르는 듯한 거침없는 말솜씨인 '유창한 달변'에 비유한다고 한다.

한자명 '紫薇花(자미화)'는 자색의 장미꽃이 피는 나무라는 뜻이다. '작을 미(微)'를 써서 '紫微花'라고도 하는데, 어느 것이 더 정확한 표현일까?

'자미(紫微)'는 원래 별자리 가운데 가장 중요한 별자리를 지칭하는 것

나라(奈良) 다이죠인(大乗院)

배롱나무

이다.

중국 남북조시대 송나라의 범엽(范曄, 398~445)이 편찬했다는 『후한서(後漢書)』에 이런 기록이 있다.

―――

天有紫微宮(천유자미궁)　　　하늘에 자미궁이 있는데
是上帝之所居也(시상제지소거야)　옥황상제가 거처하는 곳이다

―――

옥황상제가 머무르는 자미궁(紫微宮)에 피는 꽃이 바로 '자미화(紫微花)'다. 이 자미화는 꽃이 아름다울 뿐 아니라 시들지 않고 오래 가기 때문에, 왕조의 지속적인 번영을 의미하기도 했다. 특히 당나라 때 장안의 궁중에 많이 심었는데, 주요 관청인 중서성(中書省)은 이 나무를 많이 심어 '자미성(紫微省)'으로 이름을 바꿨을 정도였다고 한다.

한편, 「장한가(長恨歌)」로 유명한 당나라 시인 백거이(白居易, 772~846)는 자신을 '자미옹(紫微翁)'이라 칭하고, 유배지에서 이 나무를 만난 심정을 「자미화(紫薇花)」라는 칠언절구(七言絶句)로 나타냈다.

―――

紫薇花對紫微翁(자미화대자미옹)　자미옹이 자미화를 마주했는데
名目雖同貌不同(명목수동모부동)　이름은 닮았지만 그 처지가 다르구나

―――

이런 내용들을 감안하면 紫薇花, 紫微花 둘 다 무방하나, 중국의 나무 이름표[표찰(標札)]에는 대부분 紫薇花로 표기하고 있다. 붉은 색을 좋아하는 중국 사람들은 자미화를 특히 좋아해, 중국에서는 붉게 피는 이 나무를 아주 쉽게 볼 수 있다.

　　　　　　　　　　　　　　　　　　꽃보다 꽃나무 — 조경수에 반하다

**

우리나라에는 자미화가 고려시대 이전에 중국에서 들어온 것으로 추측하고 있다.

경상남도 함안에는 '고려동(高麗洞)'이라는 고려시대 유적지(함안 고려동유적지, 경상남도 기념물 제56호)가 있다. 고려 말 성균관 진사를 지낸 이오(李午)는 조선 왕조가 들어서자 고려에 대한 충절을 지키기 위해 새로운 은거지를 찾던 중, 자미화가 만발한 이곳을 길지(吉地)로 생각해 정착했다.

주위에는 담장을 둘러서 밖은 비록 조선 땅이라 하더라도 담장 안 은거지에는 고려 유민의 땅이라는 '고려동학(高麗洞壑)' 비석을 세워, 논밭을 개간하고 우물을 파 자급자족할 수 있는 터전을 만들었다. 후손들에게는 "조선 왕조 벼슬길에 나가지 말고, 자신이 죽은 뒤 신주(神主)를 다른 곳에 옮기지 말라"는 유언을 남겼다. 이에 재령 이씨 후손들은 지금까지 이곳을 떠나지 않아, 고려동 이름의 유적지로 오늘에 이르고 있다.

자미화가 만발했던 자리는 현재 여름철 배롱나무 황홀경을 연출하는 '자미단(紫薇壇)'으로 남아 있고, 입구 건물의 '자미정(紫薇亭)' 현판은 자미화

고려동 자미단   고려동 자미정

가 만발한 곳에 정착했다는 역사적 사실을 나타내고 있다.

『산림경제(山林經濟)』를 저술한 홍만선(洪萬選, 1643~1715)은 자미화를 이렇게 묘사했다.

나무 둥치는 반들반들하고 한 길 남짓 자란다. 꽃잎은 붉고(紫) 쪼글쪼글한데, 자잘한 꽃잎들이 모여 주먹만 한 송이를 이룬다. 꽃받침은 밀랍 빛깔이고, 꽃은 뾰족뾰족하며, 줄기는 붉은(赤) 빛이고 잎은 마주난다. 6월에 꽃이 피기 시작해 9월까지 계속해서 핀다.

＊

6월이 되면 원뿔 모양의 꽃차례인 '원추화서(圓錐花序, panicle)'를 보이는 콩알 크기의 수많은 꽃봉오리들이 가지 끝에 촘촘하게 매달려 때를 기다린다. 이윽고 꽃봉오리가 살며시 벌어지면, 쪼글쪼글하게 주름진 자잘한 꽃잎 여섯 장이 얼굴을 드러낸다. 얼굴을 내민 여섯 꽃잎들은 서로 꽃술을 감싸며 꽃 하나를 이룬다.

뜨거운 여름철에 한낮의 햇살이 아무리 이글거려도 꽃잎의 주름은 펴지지 않는다. 이런 주름진 꽃잎들로 이루어진 꽃 모두가 나무 이름대로 100일을 가지는 않는다. 모든 꽃들이 한꺼번에 확 피고 지는 것이 아니다. 무궁화처럼 꽃이 지면 이어서 다른 꽃이 피기 때문에, 100일 동안 계속해서 피는 것으로 아는 것이다.

배롱나무는 어린 묘목일 때에도 꽃이 피는 '한살나무'다. 나이 한 살에도 꽃이 핀다는 것이다. 이런 특성을 잘 활용하면 키 작은 관목을 심은 듯한 아주 색다른 효과를 연출할 수 있다.

오사카시청 앞 대로

강릉 선교장

배롱나무

양주 가나아트파크

경주 라한셀렉트호텔

꽃보다 꽃나무 — 조경수에 반하다

의령 충익사 강릉 오죽헌

청주 청남대 대전 평송청소년문화센터

배롱나무 꽃 피는 모습을 시인 도종환은 「목백일홍」에서 이렇게 나타냈다.

───

피어서 열흘 아름다운 꽃이 없고

살면서 끝없이 사랑받는 사람이 없다고

사람들은 그렇게 말을 하는데

한여름부터 초가을까지 / 석 달 열흘을 피어 있는 꽃도 있고

살면서 늘 사랑스러운 사람이 없는 게 아니어

함께 있다 돌아서면 / 돌아서며 다시 그리워지는

꽃 같은 사람이 없는 게 아니어

가만히 들여다보니 / 한 꽃이 백 일을 피어 있는 게 아니다

수없이 꽃이 지면서 다시 피고

떨어지면 또 새로운 꽃봉오릴 피워 올려

목백일홍 나무는 환한 것이다

꽃은 져도 나무는 영원히 꽃으로 아름다운 것이다

제 안에 소리 없이 꽃잎 시들어 가는 걸 알면서

온몸 다해 다시 꽃을 피워 내며

아무도 모르게 거듭나고 거듭나는 것이다

강릉 오죽헌 배롱나무

＊＊

배롱나무는 붉은 꽃이 아주 오래 피어 있으므로, 예부터 영원한 삶을 누리는 '부귀영화'와 '불로장생'을 상징하는 대표적인 나무로 여겼다. 껍질이 벗겨져 속이 온전히 드러난 수피는 겉과 속이 모두 보이므로, 한결같은 선

비의 표상인 '무욕(無慾)'과 '청렴(淸廉)'을 의미했다. 이런 까닭으로 사대부의 생활공간을 비롯해 서원과 정자, 사찰, 제실(祭室)이나 묘소에 즐겨 심었다. 경상북도 안동의 병산서원(屛山書院)이나 전라남도 담양의 명옥헌(鳴玉軒) 등에서 그 자취를 찾을 수 있다.

율곡 이이(李珥, 1536~1584)의 강릉 오죽헌(烏竹軒)에는 나이가 600년이 넘는다는 배롱나무가 있다. 지금의 나무는 죽은 원줄기에서 돋아난 새 가지가 자란 것으로, 고사(枯死)하기 이전의 나이를 합친 것이다. 신사임당과 이율곡의 추억을 간직하고 있는 이 배롱나무는 '율곡송(栗谷松)', '율곡매(栗谷梅)'와 함께 오죽헌의 옛 역사를 생생하게 드러내는 상징목이다. 이런 나무들이 있어서 그런 것일까? 강릉시를 상징하는 시화(市花)는 배롱나무 꽃이고, 시목(市木)은 소나무다.

전라남도 순천 송광사(松廣寺)나 경상남도 밀양 표충사(表忠寺)를 비롯한 오래된 사찰에서도 배롱나무를 쉽게 찾을 수 있다. 이는 세월의 흐름에 따라 이 나무의 껍질이 벗겨지는 것을, 스님들은 백팔번뇌(百八煩惱)의 굴레를 벗어나 겉치레와 가식이 없는 '무상(無常)'과 '해탈(解脫)'의 경지에 이르는 과정으로 생각했기 때문이다.

안동 병산서원

진주 용호정원

꽃보다 꽃나무 — 조경수에 반하다

밀양 표충사   담양 명옥헌

순천 송광사   광주 환벽당

꽃보다 꽃나무 ― 조경수에 반하다

1965년 천연기념물 제168호로 지정된 '부산 양정동 배롱나무'는, 배롱나무로는 유일하게 지정된 천연기념물이다. 나이가 800년이 넘는, 우리나라에서 가장 오래된 배롱나무다.

약 800년 전인 고려 중기에 동래 정씨 2대조 정문도(鄭文道)의 묘소 양옆에 한 그루씩 심었는데, 원줄기는 오래 전에 고사하고 죽은 원줄기에서 돋아난 새 가지가 자라 오늘에 이르렀다.

동쪽 나무는 높이 7.2m로, 가슴높이에서의 줄기둘레가 각각 60~90cm인 나무 여러 그루가 모인 것이다. 높이 6.3m인 서쪽 나무는 줄기둘레 각각 50~90cm인 나무가 모였다. 세대를 이어 자란 여러 그루가 서로 한데 모여 각기 한 나무인 듯한 모습을 보인다. 동쪽 나무의 수고(樹高)가 0.9m 정도 크지만, 서쪽 지반이 동쪽보다 약간 높아서 양쪽 나무는 묘소를 중앙에 두고 거의 같은 높이로 좌우대칭의 모습을 보이고 있다.

묘소에 꽃이 화려하고 개화 기간과 수명이 긴 배롱나무를 심은 것은, 꽃이 오래 피어 외롭지 않다는 뜻 외에도 선조의 유훈(遺訓)과 은덕(恩德)을 오래 기려 자손들의 영원한 부귀영화를 바라는 심오한 뜻을 담고 있다. 이 나무가 갖는 이러한 역사적·문화적 가치가 크고, 배롱나무로서는 매우 오래되어 생물학적 보존 가치도 상당해 천연기념물로 지정된 것이다.

천연기념물 제168호 '부산 양정동 배롱나무'

배롱나무는 우리 땅에 자라는 자생종이 아니고 재배종(栽培種)이다. 배롱나무를 비롯해 흰배롱나무(*Lagerstroemia indica* f. *alba*), 배롱나무 '포토맥'(*Lagerstroemia indica* 'Potomac'), 적피배롱나무(*Lagerstroemia fauriei*), 저장배롱나무(*Lagerstroemia chekiangensis*), 남방배롱나무(*Lagerstroemia subcostata*) 등, 모두 재배종이 국가표준식물목록에 등재되어 있다.

붉은 꽃의 배롱나무는 세월이 흐르면서 분홍색·적자색·자주색·흰색 등의 여러 품종이 만들어졌다. 씨에 의한 실생(實生)이나 꺾꽂이의 삽목(揷木)으로 증식한다. 실생은 성숙한 삭과(蒴果, capsule)가 벌어지는 9~10월에 종자를 채취해 이듬해 3~4월에 파종한다. 실생 번식을 하면 열매를 잘 맺지 않고 결실이 되어도 종자가 좋지 않다. 따라서 우량 품종을 얻으려면 삽목 번식을 해야 한다.

'흰배롱나무'는 흰 꽃이 피는 배롱나무로, 종소명(種小名) *alba*는 '희다'는 뜻이다. 배롱나무는 백일홍 이름처럼 대부분 분홍색이나 붉은 색으로 꽃이 피고, 흰색으로 꽃이 피는 배롱나무는 보기 어렵다. 흰배롱나무는 배롱나무에 비해 가지가 웃자라고 수형이 다소 정연하지 않으나, 꽃이 희기 때문에 희소성의 가치가 있다. 배롱나무에 비해 열매를 잘 맺고 종자도 충실한 편이다. 실생 번식을 하면 흰색 꽃보다는 대부분 연분홍색 꽃이 나타나므로, 흰 꽃이 피는 나무를 얻으려면 삽목 번식을 해야 한다.

'남방배롱나무'는 이름에서 알 수 있는 바와 같이, 남방(南方) 즉 따뜻한 남쪽 지방에 자라는 배롱나

경상남도청

후쿠오카 우미노나카미치해변공원(海の中道海浜公園)

대만 진과스(金瓜石) 태자빈관의 남방배롱나무

남방배롱나무 설명판

남방배롱나무 설명판

무다. 따뜻한 지방에 자라는 나무인 만큼 배롱나무보다 크게 자란다.

　도시재생이 중요한 사회적 이슈로 부각되는 요즘, 대만의 '진과스(金瓜石)'는 퇴락한 옛 금광촌의 재생에 성공한 관광지로 유명한 곳이다. 20세기 초 일제 지배하의 진과스는 아시아 최대의 황금 생산지였다. 이곳에는 당시 일본 황태자였던 히로히토(裕仁, 1901~1989)의 방문을 대비하여 만든 태자빈관(太子賓館)이 있다. 일본식 건물로 지은 태자빈관의 남방배롱나무는 집 앞으로 펼쳐진 정원에서 중심목이자 경관수로서의 역할을 충실히 하고 있다. 남방배롱나무의 한자명은 '九芎(구궁)', 영명은 'Subcostate Crape Myrtle'이다.

대화자미(大花紫薇) 꽃

대화자미 열매와 단풍

    열대나 난대 지방에서는 남방배롱나무와 더불어 꽃이 크고 화려한 배롱나무(*Lagerstroemia speciosa*)를 쉽게 볼 수 있다. 종명 *speciosa*는 '아름다운'이나 '화려한'의 뜻으로, 이 나무의 꽃이 대단히 아름답고 화려하다는 것이다.

    한자명은 '大花紫薇(대화자미)', 영명은 'Queen's Crape Myrtle'인데, 우리 국가표준식물목록에는 등재되지 않은 나무다. 꽃이 클 뿐만 아니라 잎도 커서 '대엽자미(大葉紫薇)'라고도 하는데, 배롱나무나 남방배롱나무보다 아주 크게 자라는 나무다. 수피는 배롱나무나 남방배롱나무에 비하면 매끄러운 특성이 잘 나타나지 않는다.

이탈리아 피우지(Fiuggi) 주택가

뉴욕 브루클린식물원(Brooklyn Botanic Garden)

꽃보다 꽃나무 ─ 조경수에 반하다

뉴욕 메디슨스퀘어파크(Madison Square Park)　　　　　뉴욕 센트럴파크(Central Park)

배롱나무는 꽃이 귀한 여름에 오랫동안 지속되는 화려한 꽃, 다양한 색깔의 꽃이 연출하는 황홀한 아름다움, 굴곡진 줄기와 가지가 드러내는 우아한 곡선미, 매끄러운 수피와 얼룩진 문양의 독특함 등의 여러 관상 가치로, 우리나라는 물론이고 동·서양에 걸쳐 전 세계적으로 심는 꽃나무다.

이 나무는 화려한 색깔의 꽃이 오랫동안 지속되므로 사람들에게 아주 특별하고 강렬한 인상을 남긴다. 나무의 이런 시각적 특성을 활용해 각 지방자치단체에서는 자기 고장의 홍보를 위해 경쟁적으로 배롱나무를 국도와 지방도에 가로수로 식재하고 있다. 그래서 전국 어디서나 가로변에 일률적으로 식재된 배롱나무를 쉽게 볼 수 있다.

꽃이 화려하고 개화 기간은 길지만 아주 크게 자라는 나무가 아니므로, 녹음의 효과는 기대하기 어렵다. 그래서 도심 가로수로 배롱나무를 식재할 경우에는, 그늘이 필요한 인도 쪽에는 수관폭이 큰 녹음수를 심고, 분리대에 배롱나무를 심어 개화기의 시각적 효과를 도모하는 것이 바람직하다. 그러나 이는 분리대가 있을 정도로 도로폭이 여유롭고 넓은 경우에 한정되는 이야기다. 일본에서는 녹음보다는 개화기의 관상 기능을 강조해, 도심 가로수로 배롱나무를 식재한 사례를 볼 수 있다.

좋은 면이 있으면 나쁜 면도 있는 법이다. 햇볕을 아주 좋아하는 나무로, 그늘에서는 꽃봉오리를 많이 맺지도 않고 꽃이 화려하게 피지도 않는다. 시간이 지날수록 수세(樹勢)가 약해지고 수형이 나빠지기도 한다. 토심이 얕거나 건조하고 척박한 땅에서는 잘 자라지 못하며, 적당한 습기와 충분한 양분이 있어야 한다.

지구 온난화에 따라 요즘은 추위에 적응한 나무를 식재해, 전국 어디서나 이 나무를 볼 수 있다. 그러나 내한성이 약하므로, 따뜻한 곳이 아니

함안군 산인면 지방도

오다와라(小田原) 도심 도로

면 겨울철 방한 대책이 필요하다. 특히 차가운 바람에 그대로 노출되는 곳에는 적절한 보온재로 줄기와 가지를 반드시 감싸야 한다.

배롱나무는 병충해(病蟲害) 관리에 특히 유의해야 한다. 병충해 때문에 식재를 꺼릴 정도로 피해가 아주 심한 편이다. 갈반병·흰가룻병·그을음병의 '병해(病害)'와 진딧물·깍지벌레의 '충해(蟲害)'가 대표적이다.

대체로 처음에 진딧물이 생기면 뒤이어 깍지벌레가 나타나고, 이후 갈반병이나 흰가룻병과 함께 그을음병이 생긴다. 그을음병이 생기면 잎과 가지를 비롯해 나무 전체가 검게 변하고, 손이나 옷에 닿으면 까만 그을음이 묻는다. 처음 진딧물이 생길 때 이를 완전히 구제하면 깍지벌레가 잘 나타나지 않는다. 그리고 깍지벌레가 나타나지 않으면 그을음병을 비롯한 병해도 잘 생기지 않는다. 배롱나무는 초기의 병충해 구제와 관리가 대단히 중요한 나무다.

열매와 단풍

꽃보다 꽃나무 — 조경수에 반하다

배롱나무에 대한 이미지나 나무가 자아내는 분위기는 풍성함이나 넉넉함과는 상당한 거리가 있다. 아주 큰 나무나 대규모 군식이 아닌 경우에는, 뭔가 허전하고 어딘가 비어 있는 듯한 느낌이다. 잎을 모두 떨군 나목(裸木)의 겨울에 특히 그렇다. 이 나무를 식재하면 겨울철에는 상당히 빈약한 분위기가 드러나는 것은 어쩔 수 없다. 봄에 잎도 상당히 늦게 나온다.

어릴 때의 자람은 비교적 빠르나, 어느 정도 자라면 생장이 아주 느린 나무다. 생장이 아주 느리고 가지도 잘 나오지 않기 때문에, 식재된 나무가 자라며 자연스럽게 나타나는 큰 나무 효과는 기대하기가 어렵다.

식재 당시의 공간 분위기가 상당한 기간이 지나도 그대로 지속된다고 보아야 한다. 따라서 배롱나무를 식재할 때는 다른 수종에 비해 상대적으로 규격이 큰 나무를 심어야 한다. 식재 목적이나 위치에 따라 다르겠지만, 배롱나무는 식재 당시의 규격이 최소한 근원직경(R) 10cm 이상은 되어야 조경수로서의 역할을 제대로 할 수 있다.

수형이 좋고 큰 나무가 아니면 배롱나무를 독립수로 심는 경우는 거의 없다. 생장이 아주 느린 나무이므로 이런 독립수를 구하기가 매우 어렵다. 상당히 굵은 가지를 잘라도 맹아가 발생해 새로운 가지가 나오지만, 좋은 수형의 큰 나무를 만들기 위해서는 아주 오랜 기간이 소요된다. 큰 나무를 이식하면 좀처럼 뿌리내림[활착(活着)]이 잘 안되므로, 노거수(老巨樹)를 이식해 독립수로 활용하기도 상당히 어렵다. 시각적 초점이 되는 중심목 역할이 필요한 경우, 여러 그루를 적절하게 모아 심어서 마치 한 그루의 독립수인 것처럼 보이게 한다.

자연스런 분위기를 연출하려면, 짝수로 심지 않고 3·5·7그루와 같이 홀수로 모아 심는다. 열 그루 이상이 되면 대개 홀짝에 대한 판단이 모호

서울 포시즌스호텔

나리타 신쇼지(新勝寺)

경주 교원드림센터

꽃보다 꽃나무 — 조경수에 반하다

해지므로, 구태여 홀수 식재를 고집할 필요가 없다. 마치 자연의 모습을 그리는 듯한 비정형식재(非定形植栽)의 경우, 세 그루를 연결하는 선이 부등변이 되는 '부등변삼각식재(不等邊三角植栽)'가 기본 패턴이 된다.

요즘은 대규모로 식재해 대단위 군식이 이루는 아름다움을 연출하는 경우가 많다. 이 경우 개화기에는 좀처럼 표현하기 어려운 황홀한 분위기를 연출한다. 정부대전청사의 주 보행로에서는 일정 간격의 원형(圓形)으로 모아 심어서, 배롱나무가 이루는 집단미를 유감없이 드러내고 있다.

배롱나무는 꽃으로 식재 효과를 노리는 나무다. 개화기의 붉은 꽃색깔은 지나가는 사람들의 시선을 유혹하는 유목성(誘目性)이 아주 큰 색이다. 화려한 꽃이 아주 오랫동안 지속되는 배롱나무는 시각적 요점이나 강조가 필요한 곳에, 사람들의 눈길을 끌고 발길을 잠시 멈추게 하는 경관수로 활용하기에 대단히 좋은 꽃나무다.

경북대학교

구례 운조루(雲鳥樓)

오사카 만국박람회장

꽃보다 꽃나무 ─ 조경수에 반하다

정부대전청사 보행로의 배롱나무 군식

배롱나무

매 실 나 무

복 사 나 무

산 옥 매

살 구 나 무

앵 도 나 무

왕 벚 나 무

자 두 나 무

벚나무속
Genus *Prunus*

벚나무속의 속명 *Prunus*는 '자두(plum)'를 뜻하는 라틴어 '프룸(prum)'에서 유래한 것이다. 속명에서 알 수 있는 바와 같이, 벚나무속 나무들은 아주 오래전부터 과일나무로 동·서양을 막론하고 전 세계에서 심어 왔다.

매실주를 담그고 갖가지 건강식품을 만드는 '매실나무(*Prunus mume*)'

자두

를 비롯해, 탐스런 복숭아를 맺는 '복사나무(*Prunus persica*)', 탱글탱글한 연노랑 열매를 자랑하는 '살구나무(*Prunus armeniaca*)', 앵두 같은 입술이 떠오르는 달콤한 '앵도나무(*Prunus tomentosa*)', 달콤새큼한 맛이 일품인 '자두나무(*Prunus salicina*)'는 벚나무속의 대표적인 과일나무다.

앵두

열매가 좋은 나무는 대개 꽃이 시원찮은 법이다. 꽃과 열매 모두 좋은 나무는 거의 찾기가 어렵다. 그런데 벚나무속 나무들은 열매도 좋지만 꽃도 대단히 아름답기 때문에, 먹기 위한 과일나무였지만 보기 위한 꽃나무로도 널리 활용되어 왔다.

앵도나무 꽃

꽃보다 꽃나무 — 조경수에 반하다

화려한 꽃을 자랑하는 '왕벚나무(*Prunus × yedoensis*)'를 비롯해, '벚나무(*Prunus serrulata* f. *spontanea*)', '산벚나무(*Prunus sargentii*)', '귀룽나무(*Prunus padus*)'는 과일보다는 꽃을 보거나 목재로 사용키 위해 심었던 벚나무속의 대표적인 꽃나무다.

왕벚나무 꽃

각 별 했 던 퇴 계 의 매 화 사 랑

매실나무

춘설에 필동말동 한다는 **매화**는 봄을 환영한다는 영춘화(迎春花),
꽃이 많이 피면 풍년이 든다는 풍년화(豐年花)와 함께, 봄이 왔음을 아주 빨리 알리는 대표적인 꽃나무다.
매화·영춘화·풍년화는 '화(花)'로 끝나는 이름과 달리, 꽃이 아니고 나무다.
+
과명 Rosaceae(장미과) **학명** *Prunus mume*
+
매화나무, 梅, 梅花, 梅實, 好文木, Japanese Apricot Tree

✳

매화(梅花) 옛 등걸에 봄철이 돌아오니
옛 피던 가지에 피엄직도 하다마는
춘설(春雪)이 난분분(亂紛紛)하니 필동말동 하여라

———

1728년 김천택(金天澤)이 편찬했다는 『청구영언(靑丘永言)』에 나오는 시조다.
평양기생 매화가 어지러운 세상을 맞은 자신의 애절한 연정과 소망을 매
화꽃에 빗대어 표현한 것이다.

———

세상이 하도 어지러우니 사랑하는 님과의 행복한 날이 있을지 모르겠다

———

차가운 얼음을 깨고 노란 꽃잎을 펼치는 얼음새꽃 '복수초(*Adonis
amurensis*)'는 봄이 왔음을 아주 빨리 알리는 대표적인 꽃이다.
춘설에 필동말동 한다는 '매화(*Prunus mume*)'는 봄을 환영한다는 '영춘
화(*Jasminum nudiflorum*)', 꽃이 많이 피면 풍년이 든다는 '풍년화(*Hamamelis*

매실나무의 꽃, '매화'

매화 필 무렵

꽃보다 꽃나무 — 조경수에 반하다

japonica)'와 함께, 봄이 왔음을 아주 빨리 알리는 대표적인 꽃나무다. 매화·영춘화·풍년화는 '화(花)'로 끝나는 이름과 달리, 꽃이 아니고 나무다.

매화꽃이 피는 나무는 매화나무다. 그런데 '매실나무'라는 이름도 그리 낯설지 않다. "매화나무와 매실나무는 같은 나무일까, 다른 나무일까?"라고 물으면, 반은 같은 나무, 반은 다른 나무라는 대답이 온다.

'매화'는 매(梅)의 꽃(花), '매실'은 매(梅)의 열매(實)를 뜻하니, 정답은 같은 나무인데 이름을 다르게 부르는 것이다. 그러면 매화나무라 불러야 할까? 매실나무라 불러야 할까? 아니면 아무렇게 불러도 상관이 없을까?

이 나무의 국가표준식물명은 '매실나무(*Prunus mume*)'다. 감나무(*Diospyros kaki*), 대추나무(*Zizyphus jujuba*), 모과나무(*Pseudocydonia sinensis*)와 같이 열매가 있는 경우, 국명은 열매 이름을 취하는 것이 원칙이다. 이래서 나무 이름은 매실나무가 된다. 매실나무보다는 매화나무가 한층 귀에 익고 부르기도 쉽지만, 매화나무가 아니고 매실나무라고 해야 올바른 표현이 된다.

임금님이 드시는 음식을 '수라(水刺)'라 한다. 이처럼 임금님께는 경의의 뜻을 담아 특별한 용어를 사용한다. 임금님은 뒷간이나 측간의 변소가 아니라, 이동식 변기 '매화틀'에 앉아 배변을 했다. 그런데 하필 왜 매화틀이라는 이름일까? 매실나무로 만들어서 매화틀이라 했을까?

사실, 매실나무는 변기 틀을 만들 정도로 크게 자라는 나무가 아니다. 임금님의 대변을 꽃에 비유해 '매화'라 했기에, 매화를 받는 매화틀이라는 이름이 생긴 것이다. 매실이 익을 무렵의 장마철에 내리는 비를 '매우(梅雨)'라 하는데, 임금님의 소변을 이에 비유했다. 매화밭에 내리는 비가 된다. 매화와 매우, 그리고 매화틀. 아주 흥미로운 표현이다.

1910년 한일병합이 되자, 「절명시(絶命詩)」를 남기고 자결한 황현(黃玹, 1855~1910)을 기리는 광양 '매천 황현 사당'

꽃보다 꽃나무 — 조경수에 반하다

매(梅)·란(蘭)·국(菊)·죽(竹)의 '사군자(四君子)'는 덕망과 학식을 겸비한 군자를 상징하는 말이다. 혹독한 추위를 견디고 향내 짙은 꽃을 잎보다 먼저 내미는 매화는, 고고한 선비의 꼿꼿한 기상과 기품을 나타내는 '선비의 나무'다. 굳건한 절개와 지조를 지키는 여인에게는 '정절의 나무'가 된다.

사군자의 으뜸인 매화를 노래한 수많은 사람 중에, 퇴계 이황(李滉, 1501~1570)만큼 매화에 대한 사랑이 각별했던 사람이 없다. 퇴계는 뜰에 있는 매화와 서로 묻고 화답하는 시를 지었는데, 이를 엄선해 61제(題) 91수(首)의 『매화시첩(梅花詩帖)』으로 따로 엮었다. '매화 덕후' 퇴계의 매화 사랑에는 이런 이야기가 전해 온다.

———

퇴계가 단양 현감으로 부임하던 때였다.

관기(官妓) 두향(杜香)은 첫눈에 흐트러짐 없이 꼿꼿하며 준엄한 성품의 퇴계에게 마음을 빼앗겼다. 당시 부인과 아들을 잇달아 잃었던 퇴계의 가슴도 허전했다. 당시 퇴계의 나이 48세, 두향의 나이 18세였다. 두향은 가야금은 물론이고 시(詩)와 서(書)에 능했고, 매화를 특히 좋아했다.

얼마 후 퇴계가 풍기 현감으로 자리를 옮기면서, 두향과는 어쩔 수 없이 헤어지게 되었다. 그녀가 퇴계에게 이별의 징표로 준 것은, 여인의 정절로 여긴 매화였다.

두향이 선물한 매화분(梅花盆)에 대한 퇴계의 사랑은 유별났고 아주 지극했다. 그녀를 보듯 평생 이 매화분을 가까이 두고 애지중지했다. 화분에 심겨진 매화를 보면서, 자신을 돌아보고 삶의 의미를 되새기며 스스로 부끄럼 없는 선비의 성품으로 거듭나고자 했다. 사물을 통해 이치를 깨닫는 '격물치지(格物致知)'를 몸소 매화로 실천했던 것이다.

세월이 흘러 70세의 나이로 세상을 떠날 때까지 20여 년 동안 두향을 만나지 못했지만, 그녀는 향상 퇴계의 마음속에 자리 잡고 있었다. 이승에서 퇴계가 마지막으로 한 말은 이것이었다. "매화분에 물 주는 것을 게을리하지 마라."

———

1,000원권 지폐 앞면에는 퇴계의 초상(肖像), 매화 및 성균관 명륜당(明倫堂)이, 뒷면에는 겸재 정선(鄭敾, 1676~1759)의 「계상정거도(溪上靜居圖)」가 그려져 있다. 2007년 이전의 구권(舊券) 뒷면에는 안동 도산서원(陶山書院)이 그려져 있었다. 지금의 도산서원 자리에 있었던 계상서당에서 퇴계가 집필하는 모습을 그린 그림이 「계상정거도」다. 매화는 선비의 도리를 밝히는 명륜당의 상징이고, 퇴계는 선비를 대표하는 사람이다.

이른 봄 도산서원은 매화꽃과 매화향에 둘러싸인다. 이곳에 이렇게 매실나무가 많은 것은 퇴계의 각별한 매화 사랑과 연관이 깊다. 퇴계는 서원 앞뜰의 매화와 시(詩)로 묻고 화답(和答)하기도 했다. 서원의 매실나무는 두향의 징표로, 퇴계가 애지중지했다는 매화분의 후손이다. 퇴계의 유언대로 매화분에 물 주는 것을 게을리 하지 않은 모양이다. 도산서원이 있는 '한국정신문화의 수도' 안동시를 상징하는 시화도 매화다.

1,000원권 앞면

구 1,000원권 뒷면

꽃보다 꽃나무 ─ 조경수에 반하다

안동 도산서원의 매실나무

*
*

풍속화가로 유명한 단원 김홍도(金弘道, 1745~1806)에게는 '매화음(梅花飮)' 이야기가 전해 온다. 매화음은 풍류를 즐기는 한량이 친구들을 초대해 매화를 감상하면서 술을 마시며 즐기는 풍습을 말한다.

김홍도는 왕의 어진(御眞)에서 촌부(村夫, 村婦)의 얼굴까지, 궁중의 권위가 담긴 기록화에서 서민의 애환이 녹아 있는 풍속화까지, 신분과 장르를 아우르며 그림을 그린 당대 최고의 천재 화가였다. 화가일 뿐 아니라 재능이 뛰어난 음악가로, 대단한 평판의 서예가면서 빼어난 시인이기도 했다. 씀씀이가 크고 사소한 일에 얽매임이 없는, 훤칠한 풍채에다 얼굴은 요샛말로 꽃미남이었다.

어느 날 마음에 딱 드는 매화를 만났고, 수중에는 그림값으로 미리 받은 삼천 냥이 있었다. 단숨에 이천 냥으로 매화를 사고, 친구들을 불러 매화음을 즐겼다. 술값으로 팔백 냥을, 남은 이백 냥으로 쌀과 땔나무를 샀다. 밥보다는 술이, 술보다는 매화가 먼저였다.

김홍도의 「주상관매도」

강가에 배를 띄우고 언덕에 핀 매화를 바라보는 「주상관매도(舟上觀梅圖)」는, 당나라 두보(杜甫, 712~770)의 시상(詩想)을 화폭에 여백의 미로 남긴 단원의 걸작이다. 단원 김홍도의 고향은 경기도 안산이다. 세월호와 함께 잊을 수 없는 '단원고등학교'의 이름은 바로 여기서 유래한 것이다.

＊＊

'선비의 고장' 경상남도 산청에는 선비의 매화라는 '산청3매(山淸三梅)'가 있다. 원정매(元正梅), 정당매(政堂梅), 남명매(南冥梅)가 바로 그것이다. 요즘 우리 전통 문화를 직접 느끼고 소중한 문화유산을 찾아 산청3매를 보러 오는 사람들의 발길이 잦은데, 원정매와 정당매는 이미 죽고 남명매만 홀로 남아 아쉬움이 매우 크다.

'원정매'는 산청군 단성면 남사리 남사마을에 처음으로 정착한 고려 말의 문신인 원정 하즙(河楫, 1303~1380)이 심은 것이다. 남사마을은 안동 하

남사마을의 원정매

회마을이나 경주 양동마을처럼 전통 민속마을로 유명한 곳으로, 이곳 매화는 선생의 시호(諡號)를 따 '원정매(元正梅)'라 부르고 있다.

산청3매의 으뜸인 원정매는 나이 700여 년에 이르는, 우리나라에서 가장 오래된 매실나무였다. 나무는 이미 말라 죽었지만 방부 처리하고, 미리 번식한 후계목(後繼木)을 붙여 심었다. 후계목에 꽃이 피면 흡사 원정매가 꽃 핀 것으로 착각한다. 원정매 밑둥치에서 나온 가지에 꽃이 피었다는 것이다. 누구나 원정매가 꽃 핀 것으로 믿고 싶지만, 아쉽게도 원정매는 이미 이 세상의 나무가 아니다. 충전재(充塡材) 범벅이 된 채로 명맥을 간신히 이어가는 나무가 애처로울 뿐이다. 표지석에 새겨진 원정공의 '영매시(詠梅詩)'가 아쉬움을 더하고 있다.

단속사지 입구의 정당매

꽃보다 꽃나무 — 조경수에 반하다

舍北曾栽獨樹梅(사북증재독수매) 집 양지에 일찍 심은 한 그루 매화
臘天芳艶爲吾開(납천방염위오개) 찬 겨울 꽃망울 나를 위해 열었네
明窓讀易焚香坐(명창독이분향좌) 밝은 창에 글 읽으며 향 피우고 앉았으니
未有塵埃一點來(미유진애일점래) 한 점 티끌도 오는 것이 없어라

'정당매'는 고려 말의 문신인 통정 강회백(姜淮伯, 1357~1402)이 지리산 자락의 고찰 단속사(斷俗寺)에서 공부하던 어린 시절에 심은 나무다. 통정이 대사헌(大司憲)과 정당문학(政堂文學)의 벼슬을 지냈기에 '정당매(政堂梅)'로 부르고 있다. 훗날 남명 조식(曺植, 1501~1572)은 고려와 조선에 길쳐 벼슬을 한 통정의 처신을 비판하며 정당매에다 이런 글을 남겼다.

寺破僧羸山不古(사파승리산불고) 절 무너지고 중이 핼쑥해도 산은 늙지 않아
前王自是未堪家(전왕자시미감가) 지난 왕은 왕조와 사직을 지키지 못했네
化工正誤寒梅事(화공정오한매사) 지조를 지키는 매화도 이치를 그르쳤구나
昨日開花今日開(작일개화금일개) 어제도 꽃 피고 오늘도 꽃 피었구나

정당매도 고사(枯死)에 대비해 미리 후계목을 만들었다. 2014년에 말라 죽었는데, 원정매처럼 방부 처리한 정당매에 후계목을 붙여 심어서 마치 살아 있는 나무에서 가지가 나와 꽃이 피는 것 같은 착시 효과를 연출하고 있다. 그런데 지금도 '경상남도 보호수 12-41 제260호' 지위를 유지하고 있으니, 법적으로는 아직 살아 있는 나무다. 대구광역시 대구수목원에는 2001년에 번식한 정당매 후계목이 자라고 있는데, 고향 떠난 명문가의 후손이 새로운 곳에 터를 잡아 사는 셈이다.

남명매(南冥梅)

'남명매(南冥梅)'는 덕천강(德川江)의 물 흐르는 소리와 남명의 글 읽는 소리를 듣고 자란 나무다. 퇴계와 달리 평생 벼슬과 담쌓았던 남명이 후학을 양성하기 위해 1561년(명종 16)에 산천재(山天齋)를 세웠고, 그 앞뜰에는 글 읽는 선비의 기품을 나타내는 매실나무 한 그루를 심어 벗으로 삼았다고 한다.

남명이 심은 나무가 맞는다면, 나이는 지금 450살이 넘는다. 그런데 1982년에 산청3매 중 정당매만 유일하게 '경상남도 보호수'로 지정된 사실을 간과해서는 안 된다.

수형은 밑에서 세 갈래로 갈라진 줄기가 뒤틀리면서 위로 뻗고 가지를 여럿 만들었다. 세월이 흘러 줄기는 일부 썩고 죽어서, 외과수술로 부식된 부분을 도려내고 충전재로 보강했다.

어쨌든 천하의 명산 지리산 천왕봉을 바라보는 남명매는 품격이 우선 남다르다. 해마다 3월 초순에 연분홍의 반겹꽃이 피는데, 산자락을 온통 하얗게 뒤덮는 매화축제에서 보는 매화의 화려함과는 거리가 아주 멀다. 그리고 그 향기는 지극히 맑고 청아하다.

———

梅一生寒不賣香(매일생한불매향)

———

평생을 어렵게 살아도 매화는 향기를 팔지 않는다. 불의와 타협하지 않고 평생 벼슬에 나가지 않은 남명의 맑은 정신이 '청향(淸香)', '암향(暗香)' 속에 스며 있다. 달이 뜨면 세월의 무게를 얹은 기와지붕을 배경으로 그윽한 향내를 머금은 채, 달빛에 젖은 오래된 고매(古梅)의 절제된 아름다움을 고즈넉이 드러낸다.

✳
✳

율곡 이이(李珥, 1536~1584)의 강릉 오죽헌(烏竹軒)에는 2007년 천연기념물 제
484호로 지정된 '율곡매(栗谷梅)'가 있다. 해설판에는 이런 설명이 있다.

———

율곡매는 1400년경 이조참판을 지낸 최치운(崔致雲, 1390~1440)이 오죽헌을
건립하고 별당 후원에 심었다고 하며, 신사임당과 율곡이 직접 가꾸었다고
전한다. 사임당은 「고매도(古梅圖)」, 「묵매도(墨梅圖)」 등 여러 매화 그림을
그렸고, 맏딸의 이름을 '매창(梅窓)'으로 지을 만큼 매화를 사랑했다.
사임당 당시 율곡매는 상당히 굵었을 것으로 보이며, 원줄기는 고사하고
곁가지가 자란 아들나무로 짐작된다. 율곡매는 꽃 색깔이 연분홍인 홍매
(紅梅) 종류이며, 열매는 다른 나무에 비해 훨씬 굵은 것이 특징이다.

송(松)·죽(竹)·매(梅)의 '세한삼우(歲寒三友)'는 고고한 선비의 기상이나, 절개를 지키는 여인의 정절을 상징하는 말이다. 오죽헌에는 율곡매와 더불어 '율곡송'과 '오죽'이 있으니, 세한삼우를 모두 갖추고 있는 셈이다.

의기(義妓) 논개(論介, ?~1593)는 이런 세한삼우와 아주 잘 어울리는 여인이다. 논개가 적장(敵將)을 끌어안고 투신했다는 진주 남강변 남가람공원의 옛 이름이 바로 '송죽매공원'이다.

＊＊

전라남도 순천의 매곡동(梅谷洞)은 배숙(裵璹, 1516~1586)이라는 선비가 이곳에 초당(草堂)을 짓고 뜰에 매화를 심은 데서 유래한다. 그는 매화가 대나무의 어짊과 국화의 은은함 사이에 있고, 중용(中庸)의 뜻을 가지기에 사랑한다고 했다. 곡(谷)에 당(堂)이 있고 당(堂)에 매(梅)가 있어, 초당의 이름을 '매곡당'으로 지었다.

지금은 '탐매마을' 이름과 함께 매화를 주제로 한 테마거리를 조성해, 장소가 갖는 역사적 의미와 상징성을 잘 나타내고 있다.

콘크리트 옹벽에 핀 매화

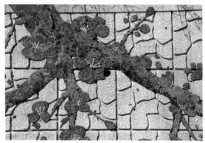

꽃보다 꽃나무 ― 조경수에 반하다

순천 매곡동(梅谷洞) 탐매마을

매실나무

경복궁의 자경전(慈慶殿)은 대비(大妃)를 비롯한 여인들이 거처하던 곳으로, 꽃이 새겨진 담장인 '꽃담'과 뒤뜰의 '십장생 굴뚝'으로 유명한 건물이다. 이곳 꽃담에도 여인의 절개와 지조를 상징하는 매화가 새겨져 있다. 꽃담에 새겨진 매화 줄기와 가지에는 재료의 색조를 달리하는 독특한 기법을 사용해, 세월의 흔적을 그대로 드러낸 오래된 매실나무의 품격과 기품을 잘 나타내고 있다.

경복궁 자경전 꽃담의 매화

꽃보다 꽃나무 ─ 조경수에 반하다

우리나라에서 가장 일찍 피는 매화는 전라남도 순천 금둔사(金芚寺)의 '납월매(臘月梅)'로 알려져 있다. 납월은 '음력 섣달'을 지칭하는 것으로, 1월 하순이나 2월 초순에 피는 매화가 바로 납월매. 금둔사 경내에는 매실나무 100여 그루가 있는데, 그중에서 붉게 꽃을 피우는 납월홍매화(臘月紅梅花) 여섯 그루가 남녘의 봄소식을 가장 먼저 알린다.

반면, 경상남도 거제 사람들은 옛 구조라초등학교의 '춘당매(春堂梅)'가 우리나라에서 가장 일찍 피는 매화라고 한다. 춘당매는 '봄을 맞는 자리에 피는 매화'라는 뜻이다. 설명판에는 "매년 1월 10일경 꽃망울을 맺고 입춘(2월 4일) 전후에 만개하지만, 그보다 더 빠를 때도 있다"고 하니, 금둔사 납월매와 어느 게 빠른지 가늠하기가 어렵다. 지구 온난화로 시도 때도 없이 개화하는 요즘에, 이런 비교는 아마 의미가 없을지도 모른다. 수령 120~150년이라 하나, 개교한 1940년대에 심은 것으로 짐작되는 춘당매가 1980년대에 심은 납월매보다 나이는 훨씬 많다. 초등학교는 폐교되었지만, 그 자리를 꿋꿋이 지키고 있는 춘당매는 적절한 보호 대책이 필요해 보인다.

눈 속에 피는 '설중매(雪中梅)', 살을 에는 혹한에 피는 '한중매(寒中梅)', 봄을 맞는 자리에 피는 '춘당매(春堂梅)'가 납월에 피는 납월매인데, 음력 섣달에 피는 매화라는 '납매(*Chimonanthus praecox*)'와는 구별해야 한다.

받침꽃과(Calycanthaceae)의 납매는 장미과(Rosaceae)의 매실나무와 전혀 다른 꽃나무다. 국명 납매와, 일반명 혹은 별명으로 통용되는 설중매·한중매·춘당매·납월매를 혼동해서는 안 된다.

음력 섣달에 핀다는 '납매'

조계산 선암사

거제 춘당매

춘당매

대한민국에서 가장 빨리 피는 매화로 알려져
있으며, 매년 1월 10일경 꽃망울을 맺고,
입춘(2월4일)전후에 만개하지만 그보다 더 빠를때도 있다.
수령은 120~150년으로 추정되며, 현재
구조라초등학교 교정에 4그루, 마을초입에 1그루가
서식하고 있다.

꽃보다 꽃나무 ― 조경수에 반하다

불가의 스님들이 거처하던 사찰에도 아주 오래된 사연의 매실나무가 많다. 태고종(太古宗)의 본산인 순천 선암사(仙巖寺)에는 2007년 천연기념물 제488호로 지정된 '선암매(仙巖梅)'가 있다. 선암매는 아주 일찍 꽃봉오리를 터트리는 납월매와 달리, 섬진강변의 매화축제가 끝나면 꽃이 피기 시작할 정도로 개화 시기가 상당히 늦은 나무다. 설명판에는 이렇게 적혀 있다.

———

선암사 선암매는 원통전과 각황전을 따라 운수암으로 오르는 담길에 50주 정도가 위치한다. 원통전 담장 뒤편의 백매화(白梅花)와 각황전 담길의 홍매화(紅梅花)가 천연기념물 제488호로 지정되었다.

문헌에 전하는 기록이 없어 수령은 정확히 알 수 없으나, 사찰에서 들려오는 이야기에 따르면 지금으로부터 약 600년 전에 천불전 앞의 와송(臥松)과 함께 심겨졌다고 전하고 있어, 선암사의 역사와 함께 긴 세월을 지내 왔음을 알 수 있다.

"매화꽃이 필 때면 매화를 보기 위해 선암사를 찾는다"는 말이 있을 정도로 아름다움을 보여주고 있다. 우리나라에서 천연기념물로 지정된 매화나무 중 생육 상태가 가장 좋은 것으로 알려져 있다.

———

선암매는 한 그루가 아니다. 설명대로 원통전 담장 뒤편의 백매화와 각황전 담길의 홍매화 50여 그루를 모두 지정한 것이다. 지정 당시인 2007년에는 50여 그루를 천연기념물로 지정하면서 가장 생육 상태가 좋은 천연기념물 매실나무라고 했지만, 현재 각황전 담길의 홍매화 생육 상태는 그렇게 좋은 편이 아니다. 그나마 생육 상태가 양호한 나무는 원통전 뒤편의 백매화뿐이다.

천연기념물 제488호 '순천 선암사 선암매'

꽃보다 꽃나무 ― 조경수에 반하다

*

단풍으로 이름난 전라남도 장성 백양사(白羊寺)에는 2007년 천연기념물 제486호로 지정된 '고불매(古佛梅)'가 있다. 해설판에는 이런 설명이 있다.

백양사 고불매는 350년이 넘는 동안 매년 3월 말부터 4월 초까지 아름다운 담홍색 꽃과 은은한 향기를 피우고 있는 홍매(紅梅)이며, 2007년 10월 8일부터 국가에서 지정하여 관리되고 있다.

원래는 이곳에서 북쪽 100m 정도 떨어진 옛날 백양사 대웅전 앞뜰에 여러 그루의 매실나무를 심고 가꾸어 왔다. 그러다가 1863년 절을 옮겨 지을 때 홍매와 백매 한 그루씩을 이곳에 옮겨 심었는데, 백매는 죽고 지금은 홍매만 남아 있다.

1947년 만암 대종사(大宗師)가 부처님의 원래 가르침을 기리자는 뜻으로 백양사 고불총림(古佛叢林)을 결성하면서, 이 나무가 고불의 기품을 닮았다 하여 '고불매'라 부르기 시작했다.

매화를 좋아하는 사람들은 '호남5매'로 고불매를 비롯해 선암사 무우전매(無憂殿梅), 전남대학교 대명매(大明梅), 담양군 지실마을 계당매(溪堂梅), 소록도 수양매(垂楊梅)를 꼽는다.

나무높이는 5.3m, 줄기둘레는 1.5m, 수관폭은 동서 6.3m, 남북 5.7m이다. 고목의 품위와 기품을 지키며 백양사를 대표하는 나무이기에, 병충해를 방제하고 상처 난 줄기에 외과수술도 하고, 줄기가 찢어지지 않도록 지주를 받쳐주는 등, 지속적으로 관리하고 있다.

여기서 선암사 무우전매는 앞서 선암매에서 언급한 각황전 담길의 홍매화를 지칭하는 것이다.

천연기념물 제486호 '장성 백양사 고불매'

꽃보다 꽃나무 ― 조경수에 반하다

　　한편, 태풍으로 죽은 소록도 수양매를 대신해 새로 호남5매에 든 나무가 있는데, '구례 화엄사(華嚴寺) 흑매화(黑梅花)'가 그것이다. 이 나무는 숙종 때 장륙전(丈六殿)이 있던 자리에 각황전을 중건하고, 이를 기념하기 위해 계파선사(桂波禪師)가 심었다고 한다. 이런 이유로 '장륙화(丈六花)'라고도 하며, 다른 홍매화보다 꽃이 유난히 검붉어 '흑매화'라고도 한다.

　　흑매화는 검은 빛깔로 꽃이 피는 매화다. 그래서 꽃 색깔이 검은 희귀한 매화를 잔뜩 기대하고 화엄사를 찾으면 실망이 아주 크게 된다. 주변에서 흔히 보는 홍매화의 붉은 꽃보다 약간 짙은 정도로, 불가 스님들의 허풍도 녹록치 않다. 유명 걸그룹 이름인 '블랙핑크(BLACKPINK)'가 바로 흑매화 색깔이다.

매실나무의 종명 *mume*는 '매실'을 가리키는 일본어 'うめ(우메)'에서 유래한 것이다. 오사카 중심부에 위치한 상업·업무지구인 우메다(うめだ, 梅田)는 과거 매실나무 밭이었던 곳이다. 이런 걸 감안하면 일본에도 유명한 매실나무가 많이 있다는 것을 쉽게 짐작할 수 있다. 후쿠오카현 다자이후 텐만구(太宰府天滿宮)에는 '날아 온 매화'라는 '도비우메(とびうめ, 飛梅)'가 있다.

다자이후 텐만구의 도비우메(飛梅)

꽃보다 꽃나무 ─ 조경수에 반하다

텐만구는 학문의 신 스가와라 미치자네(菅原道眞, 845~903)를 기리는 곳이다. 다자이후로 유배를 온 그는 교토 고향 집에 있는 매실나무를 생각하며 시를 읊었다. "봄바람이 불면 꽃향기를 보내 다오. 나의 매화야! 주인이 없다고 봄을 잊지는 말아라."

스가와라의 애처로운 시를 들은 매실나무는 가만히 있을 수가 없었다. 교토에서 하루 만에 주인이 있는 다자이후로 날아 왔다. 그래서 '비매(飛梅)'라는 이름이 지어졌다.

비매 설명판

텐만구 입구에는 스가와라의 시신을 운반했다는 소 조각상이 있다. 시신을 운반하던 소가 움직이지 않자, 이곳에다 시신을 묻고 신사를 세운 것이다. 학문의 신을 운반한 소였기에, 조각상을 만지면 누구나 원하는 학교에 입학할 수 있다고 한다.

소 조각상에 온 정성을 담아 소원을 빌고 나면, 해야 할 일이 또 하나 있다. 전설에 나오는 비매를 찾아야 비로소 텐만구 구경이 끝나는 것이다. 교토에서 하루 만에 날아 온, 이 신통한 비매는 일본에서 가장 일찍 꽃이 피는 매화라고 한다.

이곳에는 도비우메(飛梅)와 함께 '키사이노우메(皇后の梅, 황후의 매화)'라는 이름난 나무가 있고, 조명등이나 맨홀에는 매화 문양을 넣고 매점에서는 매화빵을 파는 등, 매화로 유명한 곳이라는 장소적 이미지를 강조하고 있다.

키사이노우메(황후의 매화)

매화 문양 시설물

오카야마 고라쿠엔의 매림(梅林)

＊
＊

이바라키현(茨城県) 미토(水戸)에는 가나자와(金沢) 겐로쿠엔(兼六園, 겸육원), 오카야마(岡山) 고라쿠엔(後楽園, 후락원)과 함께 '일본 3대 정원'으로 일컬어지는 '가이라쿠엔(偕楽園, 해락원)'이 있다.

미토의 영주(領主) 도쿠가와 나리아키(德川齊昭, 1800~1860)가 1842년에 문을 연 가이라쿠엔은 '함께(偕) 즐기는(楽) 정원(園)'이라는 뜻으로, "옛 사람은 백성과 함께 했기에, 진정으로 즐길 수 있었다(古之人與民偕樂, 故能樂也)"는 글에서 따온 것이다. 영주 개인의 공간이었다가 이후에 공개한 다른 정원들과는 달리, 가이라쿠엔은 당초 일반 대중과 함께 즐길 목적으로 만든 일종의 근대 공원이다.

매화 3천여 그루의 화려한 장관이 돋보이는 정원으로, 개화 시기가 다른 100여 품종이 심어져 있어 매화를 오래도록 감상할 수 있다. 해마다 2월 중순에서 3월 하순까지 매화축제 '우메마츠리(梅まつり)'가 열리는데,

2020년 축제가 124회라고 하니 역사가 상당한 셈이다. 여권신장(女權伸張)의 시대적 흐름에 따라, 당초 축제를 홍보할 목적으로 선발했던 '매화아가씨(梅むすめ)'를 지금은 '매화대사(梅大使)'로 부르고 있다.

축제 기간 내내 화려한 꽃대궐을 이루는 매실나무들은 흉년이나 전쟁을 대비한 구황식량(救荒食糧)의 역할도 감안해 심은 것이다. 실용을 중시한 도쿠가와가 매실나무를 많이 심으라는 글을 비석에 새긴 '종매기비(種梅記碑)'가 전해 온다.

일본 음식에서 빠지지 않는 '우메보시(梅干し)'는 매실을 소금에 절여 만든 것이다. 축제에는 매실을 활용한 온갖 먹거리가 등장한다. '금강산도 식후경'이라는 속담이 있지만, 매화를 찾아 대한해협을 건너 이곳에 온 사람에게는 아무래도 먹거리보다는 볼거리가 우선이다.

정원의 중심 건물인 '고분테이(好文亭, 호문정)'는 사람들을 초대해 차를 마시고 시를 읊는 용도로 만든 건물이다. 문인(文)이 좋아한다(好)는 건물 이름 '호문'은 매화를 지칭하는 것으로, '호문목(好文木)'은 매실나무의 별명이다. 2중3층 목조 건물인 이곳에서의 조망은 적절한 표현이 어렵다. 매화향이 바람결에 젖어 들고, 사방으로는 매화꽃 황홀경이 눈앞에 펼쳐진다.

미토시를 상징하는 꽃은 매화로, 매화를 모티브로 한 캐릭터를 다양하게 활용하고 있다. 가이라쿠엔을 비롯한 일본의 유명한 정원에서는 '매원(梅園)'이나 '매림(梅林)'이라는 별도 구역을 만들어 매화를 즐기고 있다.

미토시의 마스코트, '미토짱'
매화 문양이 새겨진 볼라드(bollard)
매화 문양의 맨홀 뚜껑

미토 가이라쿠엔(偕楽園)

꽃보다 꽃나무 — 조경수에 반하다

가고시마 센간엔(仙巌園)

서울 남산의 안중근의사광장에는 우리나라와 일본 간의 애증의 역사를 간직하고 있는 매실나무 두 그루가 있다.

이 나무는 임진왜란 당시 창덕궁에서 일본으로 가져간 매실나무의 후계목으로, 일본이 한국 침략에 대한 사죄의 뜻을 담아 400여 년 만에 우리나라로 다시 보낸 매우 뜻깊은 나무다.

어미나무[모수(母樹)]는 1593년 조선에 출병한 다테 마사무네(伊達政宗)에 의해 일본으로 반출되었다. 1609년 마쓰시마(松島) 즈이간지(瑞巖寺)를 중건하면서, 본당 양옆에 홍매(紅梅)와 백매(白梅)로 심었는데, 지금까지 화려하게 꽃을 피우며 사찰의 품격 있는 명목(名木)이 되었다.

즈이간지의 129대 주지 히라노 소죠(平野宗淨)는 일본 침략으로 인한 수많은 살상에 대한 참회의 의미로, 이 나무의 후계목 반환을 (사)안중근의사숭모회에 제의했다. 이에 1999년 3월 26일, 안중근의사 순국 89주기를 맞아 후계목을 안중근의사광장에 홍매와 백매 한 그루씩 심었다.

안중근의사기념관 쪽의 백매는 이른 봄마다 아름다운 꽃을 피우고 있다. 반면, 순탄치 않은 한일 관계를 나타내듯, 누워 있는 용의 모습이라는 '와룡매(臥龍梅)' 홍매는 해가 갈수록 가녀린 가지가 야위고 마르는 애처로운 삶을 지탱하고 있다.

안중근의사기념관 앞 백매

홍매(와룡매)

매실나무 원산지가 중국이라는 것을 굳이 언급하지 않더라도, 아주 오래 전부터 중국 사람들에게 매실나무는 아주 친근하고 특별한 나무였다. 중국은 우리와 같은 유교 문화권이다. 정확하게는 우리가 한자를 쓰는 중국 문화와 유교의 영향을 받은 것이다. 중국 사람들에게도 매실나무는 고고한 선비의 기상과 정숙한 여인의 정절을 상징하는 품격 높은 나무다.

구양수가 심었다는 추저우(滁州) 구매(歐梅)　　　　쑤저우(蘇州) 사자림의 간매각(間梅閣)

쑤저우(蘇州) 예포(藝圃)

구매 표지석

중국의 선비들도 그들의 생활공간에 가까이 했던 나무였다. 송나라의 구양수(歐陽脩, 1007~1072)가 손수 심었다는 매실나무가 안후이성(安徽省) 추저우(滁州)의 '취옹정(醉翁亭)'에 지금도 그대로 남아 있다. 구양수는 지금으로부터 약 1,000년 전의 사람이니, 당시에 심었다는 매실나무가 살아 있을 리 없다. 그러나 안내판에는 구양수가 손수 심은 '구매(歐梅)'라고 하니, 광활한 대륙을 가진 나라의 허풍이 너무 지나치다. 안내판 그대로 다 믿기는 어렵고, 당시에 심은 나무의 후계목으로 짐작할 뿐이다.

정원 도시로 널리 알려진 저장성(浙江省) 쑤저우(蘇州)의 사자림(獅子林)에는 매화(梅) 사이(間)에 위치한 누각(閣)이라는 '간매각(間梅閣)'이 있다. 예포(藝圃)를 비롯한 쑤저우의 옛 정원을 거닐면, 매화꽃 모습에 눈이 취하고 매화꽃 향기에 코가 감미로운 여유를 한껏 누릴 수 있다.

꽃보다 꽃나무 — 조경수에 반하다

대만(臺灣)을 상징하는 공식 국화는 '매화'다. 매화는 대만의 국책 항공사인 중화항공(中華航空, China Airlines) 비행기에 그려져 있으며, 대만 올림픽기에도 매화가 나타나 있다. 매화 다섯 꽃잎은 입법·사법·행정·고시·감찰의 '오권분립(五權分立)'을 상징한다.

대만 올림픽기의
매화 그림

반면에 중국은 법률로 정한 공식 국화는 없고, 사회적 관습이나 관념에 따라 '매화'와 '모란'을 자기 나라를 대표하는 꽃으로 여기고 있다. '일국양화(一國兩花)'라고는 하지만, 대만이 매화를 공식 국화로 정했기 때문에

타이베이(臺北) 등산로 가드레일

섬진강 매화마을

남해고속도로 섬진강휴게소

모란(*Paeonia* × *suffruticosa*)에 보다 많은 의미를 부여하고 있다.

아지랑이 아물거리고 따뜻한 햇살이 점차 모습을 드러내면, 섬진강 변에서는 꽃망울을 이미 맺은 매화가 봉오리를 터트리기 시작한다. 꽃봉 오리가 터지면서 전라남도 광양의 청매실농원 주변 매화마을에서는 매화 축제가 한바탕 흐드러지게 펼쳐진다. 섬진강 시인 김용택(金龍澤, 1948~)의 「섬진강 매화꽃을 보셨는지요」에 혹한 사람들은 꽃소식 전하는 남도(南 道)로의 먼 길을 마다하지 않는다. 바쁜 일상에 쫓겨 남도의 매화축제를 즐 기기 힘든 사람들은 주변에 있는 매화꽃으로 아쉬움을 달래야 한다. 서울 코엑스 앞 영동대로에 매실나무를 식재한 것은 바로 이런 까닭이다.

꽃보다 꽃나무 ― 조경수에 반하다

섬진강 시인 김용택의 섬진강 매화꽃

서울 영동대로에서 만난 매화꽃

매실나무

유박(柳璞, 1730~1787)의 『화암수록(花庵隨錄)』에는 "매실나무가 화목구품(花木九品) 중에서 으뜸이다"는 기록이 있다. 강희안(姜希顔, 1417~1464)의 『양화소록(養花小錄)』에는 "매실나무는 희(稀), 노(老), 수(瘦), 뇌(雷)의 네 가지가 귀하다"는 기록이 있다. 꽃은 무성하지 않고 드문드문 핀 것(稀)을, 어린 나무보다는 오래된 노목(老)을, 뭉툭한 가지보다는 여위고 굴곡진 가지(瘦)를, 활짝 펼쳐진 꽃보다는 오므린 꽃봉오리(雷)를 더 귀하게 여기는 것이다.

홍만선(洪萬選, 1634~1715)의 『산림경제(山林經濟)』에는 "고풍스런 매화를 만들려면 반드시 홑꽃이 피는 나무를 접붙여야 한다"는 기록이 있다. 다산 정약용(丁若鏞, 1762~1836)은 "겹꽃은 홑꽃보다 못하고, 홍매는 백매보다 못하다"고 했다. 가장 단순한 것이 가장 아름답다는 원칙은 예나 지금이나 변함이 없는 것 같다.

한편, 우리가 흔히 부르는 홍매·백매·청매 또는 홍매화·백매화·청매화는 국가표준식물명이 아님에 유의해야 한다. 홍매는 '붉은색으로 꽃이 피는 매실나무', 백매는 '붉은색 꽃받침에 흰 꽃이 피는 매실나무', 청매는 '연녹색 꽃받침에 흰 꽃이 피는 매실나무'를 가리키는 일반명이다.

안동 묵계서원의 매화(梅花)

국가표준식물목록에 따르면, 붉은색 홑꽃은 '매실나무', 흰색 홑꽃은 '흰매실나무(*Prunus mume* f. *alba*)', 흰색 겹꽃은 '흰만첩매실(*Prunus mume* f. *alboplena*)', 붉은색 겹꽃은 '홍만첩매실(*Prunus mume* f. *alphandi*)'이 정확한 국명이다.

흰매실나무(일반명 청매)

흰매실나무(일반명 백매)

매실나무(일반명 홍매)

홍만첩매실(일반명 홍매)

매실나무

창덕궁 자시문(資始門) 앞 홍만첩매실

꽃보다 꽃나무 ― 조경수에 반하다

대개 홍매화가 백매화나 청매화보다 일찍 피는데, 눈 속에 꽃 피는 모습을 시인 도종환(1955~)은 「홍매화」에서 이렇게 묘사했다.

눈 내리고 내려 쌓여 소백산자락 덮어도 / 매화 한 송이 그 속에서 핀다

나뭇가지 얼고 또 얼어 / 외로움으로 반질반질해져도 / 꽃봉오리 솟는다

어이하랴 덮어버릴 수 없는 / 꽃 같은 그대 그리움

그대 만날 수 있는 날 아득히 멀고 / 폭설은 퍼붓는데

숨길 수 없는 숨길 수 없는 / 가슴 속 홍매화 한 송이

꽃과 열매 모두 좋은 매실나무는 꽃을 즐기는 '관상용(觀賞用)' 나무와 열매를 맺는 '과수용(果樹用)' 나무로 구분한다. 관상용 나무는 꽃의 색깔, 홑꽃·반겹꽃·겹꽃의 모양, 그리고 가지의 모양에 따라 구분한다.

열매는 '청매(靑梅)', '황매(黃梅)', '오매(烏梅)' 등으로 구분한다. 청매는 약간 덜 익은 녹색 열매를, 황매는 완전히 익어 누렇게 된 열매를, 오매는 까마귀 빛깔의 말린 열매를 가리킨다.

과수용 나무는 꽃가루를 많이 발생하는 수분수(授粉樹, pollinizer)를 섞어 심어야 충실한 열매를 많이 맺는다.

국가표준식물목록에는 매실나무를 비롯해 흰색 홑꽃의 흰매실나무, 겹꽃[만첩(萬疊)]이 피는 흰만첩매실과 홍만첩매실, 가지가 늘어지는 매실나무 '펜둘라'(*Prunus mume* 'Pendula'), 그리고 매실나무 '후지 보탄'(*Prunus mume* 'Fuji Botan'), 매실나무 '토투우스 드래건'(*Prunus mume* 'Tortuous Dragon'), 매실나무 '고시키'(*Prunus mume* 'Goshiki'), 매실나무 '고시키우메'(*Prunus mume* 'Goshiki-Ume') 등이 등재되어 있는데, 자생종은 없고 모두 재배종이다.

무릉의 들판에 만발한 꽃나무

복사나무

복숭아나무와 **복사나무**는 같은 나무일까, 아니면 다른 나무일까?

복숭아나무와 복사나무는 같은 나무다. 같은 나무인데 다르게 부르는 것이다.

'복숭아나무'라 하면 탐스런 복숭아 열매가, '복사나무'라 하면 화사하게 피는 복사꽃이 생각난다.

+

과명 Rosaceae(장미과) **학명** *Prunus persica*

+

복숭아나무, 桃, 仙果樹, Peach Tree

＊
＊

나의 살던 고향은 꽃 피는 산골 / 복숭아꽃 살구꽃 아기 진달래

울긋불긋 꽃 대궐 차린 동네 / 그 속에서 놀던 때가 그립습니다

———

이원수(李元壽, 1911~1981)가 작사하고 홍난파(洪蘭坡, 1898~1941)가 작곡한 「고향의 봄」에서, 복숭아꽃은 살구꽃·진달래와 함께 우리 고향과 산골을 떠올리게 하는 꽃이다. 물론, 도시에서 태어난 요즘 세대와는 전혀 관련 없는 이야기다. 노래 가사의 복숭아꽃이 피는 나무는 '복숭아나무'다.

———

복사꽃 고운 뺨에 아롱질 듯 두 방울이야

세사(世事)에 시달려도 번뇌(煩惱)는 별빛이라

———

청록파 시인 조지훈(趙芝薰, 1920~1968)의 「승무(僧舞)」에 나오는 복사꽃이 피는 나무는 '복사나무'다.

꽃보다 꽃나무 ― 조경수에 반하다

복사꽃과 복숭아

복숭아 조형물 「도란도란」

복숭아나무와 복사나무는 같은 나무일까, 아니면 다른 나무일까?

복숭아나무와 복사나무는 같은 나무다. 같은 나무를 달리 부르는 것이다. '복숭아나무'라 하면 탐스런 복숭아 열매가, '복사나무'라 하면 화사하게 피는 복사꽃이 생각난다. 한편, 한자어 '도화(桃花)'는 입술 붉게 칠한 요염한 도화꽃이 연상된다. 이름에 따라 미묘한 차이가 느껴진다.

열매를 맺는 나무의 이름은 감나무나 모과나무처럼 열매 이름을 넣는 게 원칙이다. 그래서 귀에 익은 꽃 이름 매화나무가 아닌, 열매 이름인 매실나무가 국가표준식물명이 된다. 그런데 이 나무의 국명은 열매 이름인 복숭아나무가 아니고 '복사나무(*Prunus persica*)'다.

중학교 영어 시간에 무조건 외웠던 속담이 있다. "There is no rule but has exception." 예외 없는 법칙은 없나 보다. 이런 원칙을 따르지 않는 이유를 찾으니, 박상진(1940~) 교수의 『우리 나무 이름 사전』에는 이렇게 설명하고 있다. 복숭아나무의 옛 이름 '복셩나모'가 복성나무 → 복송나무 → 복서나무를 거쳐 지금의 '복사나무'가 되었다.

종명 *persica*는 '페르시아(Persia)가 원산'이라는 뜻이다. 원래 중국 산시성(陝西省)과 간쑤성(甘肅省)이 원산지인데, 아주 오래전에 페르시아를 거쳐 유럽으로 들어갔기 때문에 이런 종명이 생겼다.

꽃보다 꽃나무 — 조경수에 반하다

복사나무는 아름다운 여인, 다산과 생명력, 무병장수와 불로장생, 귀신을 쫓는 벽사(辟邪)와 축귀(逐鬼), 이상향의 낙원과 같은 여러 상징적 의미를 갖는 나무다.

꽃 색깔이나 열매 모양이 '아름다운 여인'을 연상케 하는 것일까?

복숭아를 뜻하는 한자 '桃'는 여자 이름에 흔한 글자로, 정숙한 여성보다는 요염한 여인에 한층 어울린다. 신파극 「사랑에 속고 돈에 울고」(일명 홍도야 울지 마라)에서, 가난한 오빠를 공부시키려고 기방(妓房)에 몸을 던진 기생 홍도(紅桃)의 이름이 우연한 게 아니다. 선정적인 그림들로 도배된 19금 성인 잡지를 '도색(桃色) 잡지'라 부르는 것도 이 때문이다.

야생화와 문학을 사랑하는 기자로 『서울 화양연화』를 펴낸 김민철은, "복사꽃이 과일나무 꽃 중에서 가장 섹시한 꽃"이라 했다. 복사꽃 색깔은 남녀 간의 사랑과 정분(情分)을 나타내는 색이다. 꽃잎은 분홍인데, 가운데 꽃술 부분은 마치 다크서클을 두른 듯 진분홍으로 물들어 한층 깊고 오묘한 느낌이다. 『삼국유사(三國遺事)』에는 이런 이야기가 전해 온다.

얼굴이 복사꽃처럼 아름다워 '도화녀(桃花女)'라 불린 신라 여인이 있었다. 진지왕(眞智王, 재위 576~579)이 그녀에게 혹해 통정(通情)을 요구했다. 그녀는 남편이 있는 몸이라는 구실로 왕의 요청을 거절했다. 천하를 호령하는 왕이었지만, 도화녀의 거절에는 어쩔 도리가 없었다.

세월이 흘러 왕이 죽고 도화녀의 남편도 죽었다. 남편이 죽은 지 열흘 만에 도화녀에게 진지왕의 혼령이 홀연히 나타났다. 이제는 홀몸이 되었으니 사랑을 함께 나누자고 했다. 이 둘 사이에 낳은 사내아이가 '비형랑(鼻荊郎)'이다.

도화녀가 얼마나 요염하고 예뻤으면, 진지왕은 죽어서도 잊지 못하고 남편 죽기를 바랐던 것일까? 그나저나 죽어서도 남의 여자를 탐낸 이

꽃보다 꽃나무 ― 조경수에 반하다

런 왕이 성군(聖君)일 리가 없다. 즉위 4년 만에 정치가 어지러워지고 사생활이 문란하다는 이유로 폐위된 왕이 바로 진지왕이다.

복사나무

모모타로 복숭아

＊＊

복사나무는 '다산(多産)'이나 '생명력(生命力)'을 의미한다.

　복숭아는 생긴 모습 때문에 종종 여성의 성기나 엉덩이에 비유된다. 열매를 많이 맺는 복숭아는 다산과 잉태의 상징으로, 아기 갖기를 원하는 여자나 임신한 여자가 즐겨 먹는 과일이다. "복숭아를 많이 먹으면 얼굴이 예뻐지고 음부에 살이 찐다"는 속설이 있다. 일본 신화에 따르면, 복숭아는 복숭아 소년 '모모타로(ももたろう, 桃太郎)'가 태어난 자궁을 의미한다.

　자식이 없던 노파가 강에서 빨래를 하다, 아래로 떠내려 오는 아주 큰 복숭아를 발견했다. 배고픔에 탐스런 복숭아를 덥석 한입 베어 물자, 노파는 순식간에 예전 젊었을 때의 모습과 아름다움을 되찾았다.

　집에 돌아온 남편은 젊고 아리따운 여자가 집에 있는 것을 보고 매우 놀랐다. 처음에는 부인이 젊어졌다는 말을 믿지 않았지만, 복숭아를 먹고 예전의 모습이 되었다는 말을 듣고 남편도 복숭아를 먹었다. 남편 역시 복숭아를 먹자마자 젊었을 때의 모습을 되찾았다. 다시 젊어진 부부는 사랑을 나누고 아이를 갖게 되었다. 아들이 태어나자 복숭아를 뜻하는 모모(桃)에다, 맏아들의 대표적 이름인 타로(太郞)를 붙여 '모모타로'로 이름을 지었다.

　어느덧 늠름하게 자란 모모타로는 개와 원숭이를 데리고 귀신섬 오니가시마(鬼ヶ島)로 가서, 약탈을 일삼는 도깨비를 쳐부수고 집으로 돌아와 행복하게 살았다.

모모타로 원숭이

　일본 주고쿠(中国) 지방의 오카야마(岡山)는 일본 3대 정원의 하나인 '고라쿠엔(後楽園)'으로 유명한 곳이다. 오카야마는 시를 홍보하는 상징물로 이 복숭아 소년을 활용하고 있다. 사람들 통행이 잦은 역 앞에 모모타로

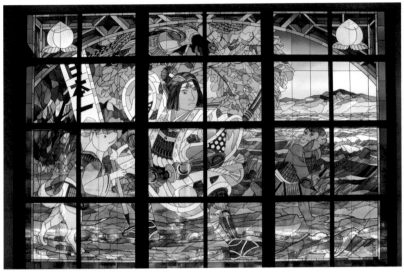

오카야마공항 청사 내 모모타로 스테인드글라스창

오카야마역 앞 모모타로 조각상

조각상을 설치해, 지나가는 사람들의 발길을 잠시 멈추게 한다. 시내 곳곳에서 모모타로 조형물을 만날 수 있다. 오카야마공항 청사에는 모모타로 이야기를 그린 대형 스테인드글라스(stained glass)창이 있다.

도깨비 귀신섬

　한편, 시코쿠(四国) 지방의 여러 섬들이 귀신섬 '오니가시마(鬼ヶ島)'로 알려져 있다. 동굴이 있는 섬들은 모두 도깨비가 사는 귀신섬이라고 한다. 그중 가가와현(香川県)의 메기지마(女木島)가 가장 잘 알려진 귀신섬이다. 안도 다다오(安藤忠雄, 1941~)의 지추미술관(地中美術館)이 있는 나오시마(直島)를 비롯해 인근의 쇼도시마(小豆島)·데시마(豊島)와 함께하는 섬들의 예술축제 '세토우치국제예술제(瀬戸内国際芸術祭)'에서, 귀신섬 메기지마는 도깨비 동굴을 모모타로와 연관해 섬을 홍보하는 관광자원으로 적극 활용하고 있다.

귀신섬 메기지마(女木島)

경복궁 자경전 꽃담의 복사나무

우리 경복궁 자경전(慈慶殿)의 꽃담
에 새겨진 복사나무도 다산과 생명력을
상징한다. 여인들의 담장인 꽃담에는 그
들의 이야기와 간절한 소망이 담겨 있
다. 꽃담에는 복사나무를 비롯해 절개와
지조를 뜻하는 매실나무와 대나무 등이
나타나 있다.

**

복사나무는 '무병장수'와 '불로장생'을 뜻하기도 한다.

『서유기』에 나오는 손오공은 원래 하늘에 있는 복숭아 과수원 '반도원(蟠桃園)'의 관리인이었다. 반도원 주인은 곤륜산(崑崙山)에 사는 서왕모(西王母)다. 3천 년이 지나야 비로소 열매를 맺는 이곳의 복숭아를 먹으면 불로장생한다고 한다. 손오공은 하늘(天)에 있는 복숭아(桃)인 천도복숭아를 먹어 늙지 않는 몸이 되었고, 사오정·저팔계와 어울려 삼장법사를 따라 천축국(天竺國, 인도)에 갔다. 이런 까닭으로 복숭아는 신선이 먹는 영험한 과일로 여겼고, 복사나무는 '선과수(仙果樹)'라는 별명이 생겼다.

한무제(漢武帝, 재위 BC 141~87) 때 제(齊)나라 출신의 동방삭(東方朔)은 이 서왕모의 복숭아를 훔쳐 먹어 '삼천갑자(三千甲子) 동방삭'이 되었다. 갑이 돌아오는 회갑(回甲)이 60년이니, 동박삭은 무려 18만 년을 산 셈이다. 시장에서 흔히 보는 천도복숭아. 오래 살려면 천도복숭아를 먹어야 한다.

복숭아 과수원
먹으면 오래 산다는 천도복숭아

"복숭아를 많이 먹으면 예뻐지고, 복숭아는 밤에 먹어야 한다"는 속설이 있다. 이는 다른 열매와 달리, 복숭아는 유별나게 벌레가 많다는 것이다. 지금처럼 농약을 사용하지 않았던 옛날에는 벌레 먹지 않은 복숭아를 찾기 어려웠다. 사람에게 좋은 것은 벌레에게도 좋아, 복숭아는 벌레가 많을 수밖에 없다. 두터운 과육(果肉) 가운데에 씨가 들어 있는 복숭아는 씨가 단단한 핵으로 둘러싸인 열매인 '핵과(核果, drupe)'다.

허준(許浚, 1539~1615)이 쓴 『동의보감』에 "복사나무는 잎, 꽃, 씨, 말린 복숭아, 복숭아 속껍질, 나무 진액, 복숭아의 털은 물론이고 벌레까지도 약으로 쓴다. 특히 복숭아씨 '도인(桃仁)'은 여러 질환에 널리 활용되는 아주 효험 있는 약재다"라는 내용이 있다.

2017년 직지소설문학상 대상을 수상한 소설가 손정모(1955~)의 단편 「복사꽃 그늘」에는 복사나무 뿌리로 만든 '도근주(桃根酒)'에 관한 구절이 있다.

———

아마 산책하면서 많은 생각의 실타래를 풀어 내리는 듯했다. 해변을 마냥 산책한 저녁이면 도근주를 찾았다. 도근주는 야생 복숭아나무의 뿌리를 파내어 잘라서 담근 술이다. 복숭아나무 뿌리와 소주와 설탕이 섞여서 만들어진 약주다. 한방에서는 도근주를 무릎 관절의 상처를 치료하는 약제로 사용한다. 관절염을 앓는 환자들에게는 확실하게 통증을 완화시키는 작용이 있는 듯하다. 어머니도 도근주를 마시면 얼굴에 화색이 돌며 평온한 표정을 지었다.

＊

복사나무는 귀신을 쫓는 '벽사(辟邪)'나 '축귀(逐鬼)'의 의미도 있다.

앞서 언급한 『삼국유사』에는 도화녀의 아들 비형랑(鼻荊郎)에 관해 이러한 내용이 있다.

———

진평왕(眞平王, 재위 579~632)은 진지왕의 혼령과 도화녀 사이에서 태어난 비형랑을 궁중에 데려다 길렀다. 비형랑은 밤마다 월성(月城)을 넘어 황천에서 귀신과 놀았다. 그는 귀신을 시켜 하룻밤 만에 개천에 귀교(鬼橋)를 놓았고, 여우로 변신한 집사를 잡아 죽였다. 이에 귀신들은 그의 이름만 들어도 무서워 달아났다. 사람들은 대문에다 이런 글을 붙여 귀신을 내쫓았다.
"진지왕의 혼령이 아들을 낳았으니, 비형랑의 집이 이곳이라네. 날고뛰는
온갖 귀신들아! 이곳에 머물지 마라."

———

동방의 바다에는 복사나무로 둘러싸인 '도삭산(度朔山)'이라는 악귀들
이 사는 섬이 있다. 가지가 약간 엉성하게 달린 동쪽이 악귀들이 출입하는
'귀문(鬼門)'이다. 이 귀문에다 복사나무로 만든 인형이나 부적을 달아 악귀
의 출입을 막았는데, 이를 문을 지키는 '문신(門神)'이라 했다. 금줄에 복사
나무 가지를 꽂고 이를 문에 걸어 귀신을 막는 풍속은 여기서 나온 것이라
고 한다.

조선 초기의 문신 성현(成俔, 1439~1504)이 지은 『용재총화(慵齋叢話)』에
"동쪽으로 뻗은 복사나무 가지로 만든 빗자루로 마당을 쓸면, 액(厄)을 막
고 귀신이 들어오지 않는다"는 기록이 있다. 그리고 어린 자식이 여색(女
色)에 빠지면 아름다운 여인을 의미하는 복사나무 회초리로 때리는데, 동
쪽으로 뻗은 가지로 만든 회초리라야 효력이 있다고 한다.

무당은 굿을 하면서 복사나무 가지로 때려 악귀를 쫓는다. 이는 복사
나무가 요사한 기운과 잡스러운 귀신을 쫓아내는, 영험함을 간직한 신비
의 나무로 생각했기 때문이다.

돌아가신 조상도 귀신의 영역이다. 귀신 쫓는 이 나무를 집에다 심으
면, 제사를 지내도 조상이 집에 들어올 수가 없다. 열매도 마찬가지다. 제
사상에 복숭아를 올리지 않는 이유가 바로 여기에 있다. 꽃과 열매 둘 다
좋은 나무지만, 묘소를 비롯해 위패를 모신 사당이나 집 근처에는 복사나
무를 심지 않는다.

복사나무는 '이상향의 낙원'을 상징한다.

도연명(陶淵明, 365~427)의 『도화원기(桃花源記)』에 나오는 '무릉도원(武陵桃源)'은, 무릉(武陵)의 복사꽃(桃) 만발한 들판(源)에 숨겨진 별천지 세상이다. 서양의 영원한 이상향 유토피아가 바로 동양의 무릉도원이다.

———

중국의 동진(東晉)시대 무릉에서 고기잡이를 하던 어부 옆으로, 어딘가에서 큰 복사꽃이 떠내려 왔다. 향기에 취해 고기를 잡다 말고 꽃을 따라가니, 어느덧 복사꽃 만발한 들판에 이르렀다.

배를 세우고 들판에 오르니 동굴이 나타났고, 동굴을 지나자 밝고 확 트인 세상이 눈앞에 펼쳐졌다. 아름다운 풍경과 기름진 논밭의 별천지 세상이 드러났다. 그곳에는 과거 진(秦)나라에서 피난 온 사람들이, 너무나 살기가 좋아 한(漢)·위(魏)·진(晉)에 걸친 수백 년의 세월을 잊은 채 살고 있었다.

집에 돌아온 어부는 마을 사람들에게 이 신비한 세상의 이야기를 했다. 어부의 말을 들은 사람들은 별천지를 찾아갔지만, 아무도 어부가 봤던 별천지 그곳을 찾을 수가 없었다.

———

『도화원기』에 그려진 복사꽃이 만발하는 무릉도원은 별천지 이상향을 상징하는 용어가 되었다. 명승 제37호로 지정된 강원도 동해시의 '동해 무릉계곡'과 전국 곳곳에 있는 '도원계곡'은 이 무릉도원에서 유래한 지명이다. 한편, 「몽유도원도(夢遊桃源圖)」는 세종의 셋째 아들 안평대군(安平大君, 1418~1453)이 꿈에서 거닌 도원을 화가 안견(安堅)에게 이야기해 사흘 만에 그렸다는 그림이다.

'2018 서울정원박람회 작가정원 공모'에서 금상을 수상한 오현주의

「도원(桃源)」은 회사 – 집 – 회사 – 집의 항상 같은 자리를 오가는 요즘 사람들의 반복·지루함·갑갑함에서 탈출해 초록의 새로운 자리를 찾는 작품이다.

　　일상을 탈출하는 경계이자 시퀀스(sequence)의 전환이 이뤄지는 지점에 세워진 철제 구조물은 무릉도원 입구에 해당하는 동굴을 현대적인 언어로 해석한 것이다.

무릉도원을 나타낸 「도원」

하동군 악양면 동정호(洞庭湖)에 핀 복사꽃

당나라 이백(李白, 701~762)의 칠언절구 「산중문답(山中問答)」에도 별천지를 의미하는 복사꽃이 등장한다.

問余何事棲碧山(문여하사서벽산)　무슨 일로 푸른 산에 사느냐 묻기에
笑而不答心自閑(소이부답심자한)　웃으며 답은 안했지만 마음은 한가롭다
桃花流水杳然去(도화유수묘연거)　복사꽃 물 따라 아득히 떠내려가니
別有天地非人間(별유천지비인간)　사람 사는 세상이 아닌 별천지로구나

중국 구이린(桂林, 계림)에는 세상 밖의 무릉도원이라는 '세외도원(世外桃源)'이 있다. 배를 타고 무릉도원을 실제로 체험하도록 만든 일종의 주제

윈난성 리장(麗江)의 도화도

꽃보다 꽃나무 — 조경수에 반하다

구이린(桂林) 세외도원의 도화도

공원이자 관광지로, 여기서는 언제 어느 때라도 활짝 핀 복사나무를 만난다. 그런데 사시사철 꽃 피는 복사나무가 과연 있을까? 이는 정교하게 만든 가짜 꽃으로, 마치 무릉도원에 있는 듯한 착시효과를 노린 것이다. 이런 가짜 꽃으로 무릉도원을 나타낸 '도화도(桃花島)'를 중국에서는 곳곳에서 볼 수 있다.

한편, 계림(桂林) 이름에서 숲(林)을 이룬다는 계(桂)는 '목서(木犀, *Osmanthus fragrans*)'인데, 대부분 달에 있다는 계수나무(桂樹, *Cercidiphyllum japonicum*)로 잘못 알고 있다. 목서의 종명 *fragrans*는 '향기'에서 유래한 것으로, 꽃이 피면 계림은 온통 목서(중국명 桂花)의 꽃내음에 젖는다.

복사나무는 4월에 잎이 나오기 전이나 잎과 동시에 대부분 분홍색으로 꽃이 핀다. 품종에 따라 붉은 꽃이나 흰 꽃, 홑꽃이나 겹꽃으로 다양하게 핀다. 울산광역시 동구청은 '산복사나무(*Prunus davidiana*)'를 가로수나 경관수로 활용하고 있다. 꽃 피는 봄에 왕벚나무(*Prunus × yedoensis*)는 어디서나 보는 꽃나무다. 주요 관문에 산복사나무를 식재함으로써 동구를 상징하는 한편, 타 지역과 차별화된 지역 이미지를 나타내고 있다.

산복사나무는 산복숭아나무·개복숭아나무·돌복숭아나무로 불리는데, 재배종인 복사나무와 달리 우리 땅에 자생하는 나무다. 왕벚나무보다 화려하지는 않지만, 꽃 색깔이 더 붉고 진해서 색다른 느낌과 분위기를 연출한다. 개화 기간이 길어 꽃을 즐기는 기간도 길다. 병충해에 강하고 관리하기도 비교적 쉽다.

북한산 하늘길의 산복사나무

꽃보다 꽃나무 — 조경수에 반하다

시인 백승훈(1957~)은 「복사꽃」에서 벚꽃과 비교해 복사꽃을 이렇게 묘사했다.

———

비 한 번 내릴 때마다 / 봄은 십 리씩 깊어지고

벚꽃은 바람 없이도 / 제 설움에 겨워 몸을 허무는데

비에 씻겨도 / 지워지지 않는 그리움인 양 / 더욱 붉어진 복사꽃

내 가슴에 / 꾸욱 꽃도장을 찍습니다

———

살을 에는 혹한에도 향내 짙은 꽃을 피우는 매화는 사군자의 하나로, 사대부의 기개를 나타내는 '양반(兩班)의 꽃'이다. 이와 달리, 복숭아꽃과 살구꽃은 우리 산과 들이나 초가집 돌담 너머로 흔하게 보는 '민초(民草)의 꽃'이다. 매실로 담근 매실주는 양반들의 풍류를 즐기는 좋은 '멋거리'가 되지만, 복숭아와 살구는 민초들의 배를 채우는 좋은 '먹거리'가 된다.

꽃보다 꽃나무 ― 조경수에 반하다

복숭아는 사람들이 아주 좋아하는 과일이다. 우리는 흔히 백도(白桃)·황도(黃桃)·천도(天桃)복숭아를 먹는다고 하는데, 국가표준식물목록에 황도나 천도라는 국명은 없다. 백도·황도·천도는 복숭아 색깔에 따라 그냥 구분해 부르는 일반명에 지나지 않는다. 또한, 국가표준식물목록의 국명 '백도(*Prunus persica* f. *alba*)'는 우리가 흔히 부르는 일반명 '백도(白桃)'가 아니다.

국가표준식물목록에 자생종은 산복사나무가 유일하다. 재배종은 복사나무를 비롯해 흰색 홑꽃의 백도(*Prunus persica* f. *alba*), 겹꽃의 만첩백도(*Prunus persica* f. *alboplena*)와 만첩홍도(*Prunus persica* f. *rubroplena*), 가지가 늘어지는 복사나무 '펜둘라'(*Prunus persica* 'Pendula')와 처진백도(*Prunus persica* 'Alba Pendula'), 그리고 복사나무 '보난자'(*Prunus persica* 'Bonanza'), 복사나무 '난킹'(*Prunus persica* 'Nanking'), 복사나무 '화이트 캐스케이드'(*Prunus persica* 'White Cascade') 등이 있다.

꽃이 국화를 닮았다는 *Prunus persica* 'Chrysanthemoides'

황 홀 한 모 습 의 산 매 화

산옥매

산옥매는 온 나무를 뒤덮을 정도로 현란하게 꽃을 피우는 대단한 매력의 꽃나무다.
산옥매는 '산에 자라는 옥매', 옥매는 '옥 같은 꽃이 피는 매화'라는 뜻이다.
옥매는 야생 산옥매를 조경용으로 개량한 것이다. 산에 자라는 산옥매는 좀처럼 보기가 어렵다.

+

과명 Rosaceae(장미과) **학명** *Prunus glandulosa*

+

山玉梅, Flowering Almond

⁕⁕

'산옥매(*Prunus glandulosa*)'는 온 나무를 뒤덮을 정도로 현란하게 꽃을 피우는 대단한 매력의 꽃나무다. 산옥매(山玉梅)는 '산에 자라는 옥매', 옥매(玉梅)는 '옥 같은 꽃이 피는 매화'라는 뜻이다.

산옥매의 품종인 '옥매(*Prunus glandulosa* f. *albiplena*)'도 산옥매와 같은 용도로 심는 꽃나무다. 옥매의 종소명 *albiplena*는 'alba(흰)'와 'plena(겹꽃)'의 합성어로, '흰색의 겹꽃이 피는'이라는 뜻이다. 학명을 유추하면, 겹꽃 옥매와 달리 기본종(基本種)인 산옥매는 홑꽃임을 알 수 있다.

옥매는 산에 자라는 야생 산옥매를 조경용으로 개량한 것이다. 정원을 아름답게 꾸미거나 보고 즐길 목적으로 심는 나무는 대부분 옥매다. 그래서 주변에서 보는 것은 산옥매가 아니고 옥매다. 산에 자라는 산옥매는 좀처럼 보기가 어렵다.

옥매와 산옥매는 높이 1.5m 정도 자라며, 뿌리 밑동에서 여러 가지가 나와 포기를 이루는 낙엽활엽관목이다. 처음에는 가지가 위로 곧게 자라다가, 어느 정도 자라면 가지 끝이 아래로 처진다.

흰색 겹꽃의 옥매

생장은 빠른 편이고 맹아력이 좋아 전정과 이식에도 잘 견디는 나무다. 추위에 견디는 내한성이 강해 전국 어디서나 식재 가능하다. 사질양토의 비옥한 토양에서 잘 자라나, 토성(土性)을 크게 가리지는 않는다. 건조에는 약한 편으로, 약간 물기가 있는 습윤지를 좋아한다. 꽃 피는 나무가 대부분 그러하듯이, 그늘보다는 햇볕이 잘 드는 양지바른 곳이라야 꽃이 화려하고 많이 핀다.

꽃은 4~5월에 잎이 나오면서 같이 피거나 잎보다 먼저 핀다. 흰 꽃이 대부분이나 간혹 붉은 꽃도 나타난다. 꽃은 거의 동시에 활짝 피며, 수많은

창덕궁 주합루 앞 화계

꽃보다 꽃나무 — 조경수에 반하다

꽃들이 가지가 보이지 않을 정도로 순식간에 온 나무를 뒤덮는다. 꽃이 활짝 피었을 때의 황홀한 모습은 표현하기 어려울 정도로 매력적이고 개화 기간도 상당히 길다.

작고 둥근 열매는 6~8월에 붉게 익는데, 눈부시게 현란한 꽃과 앙증스런 열매 모두 관상가치가 높다. 가지가 약간 늘어지는 듯한 자연스런 수형은 어느 곳에나 잘 어울린다. 옆으로 퍼지면서 포기를 이루는 관목의 특성상, 여러 그루를 모아 심는 군식이 좋다. 몇 그루만 심어도 개화기에는 사람들의 눈길을 끄는, 흰색의 현란한 꽃이 돋보이는 나무다.

일산 호수공원 내 전통 정원

산옥매

홍매(*Prunus glandulosa* f. *sinensis*)

매실나무(*Prunus mume*, 일반명 홍매)

꽃보다 꽃나무 — 조경수에 반하다

홍만첩매실(*Prunus mume* f. *alphandi*, 일반명 홍매)

*

산옥매를 비롯해 옥매, 홍매(*Prunus glandulosa* f. *sinensis*), 산옥매 '로세아 플레나'(*Prunus glandulosa* 'Rosea Plena')가 국가표준식물목록에 등재되어 있다.

그중 '국명 홍매'는 붉게 피는 매화를 지칭하는 '일반명 홍매'와 이름이 같아 아주 혼란스럽다. 같은 이름이지만, 아예 종(種)이 다른 나무다. 국명 홍매는 관목(灌木)이고, 일반명 홍매는 소교목(小橋木)이다.

나무 이름표에는 당연히 국가가 표준으로 정한 국명을 표기해 혼란을 방지해야 한다. 그러나 붉게 피는 매화 이름표에는 종이 다른 홍매(*Prunus glandulosa* f. *sinensis*)로 잘못 표기한 경우가 대부분이다. 붉게 피는 매화를 가리키는 일반명 홍매의 경우, 붉은색 홑꽃이 피는 것은 '매실나무(*Prunus mume*)', 붉은색 겹꽃이 피는 것은 '홍만첩매실(*Prunus mume* f. *alphandi*)'의 국명으로 표기해야 정확한 나무 이름이 된다.

꽃보다 꽃나무 — 조경수에 반하다

비슷하게 생긴 꽃나무로 '풀또기(*Prunus triloba var. truncata*)'라 부르는 나무가 있다. 우리 땅에 자라는 화려한 꽃나무로, 우선 풀또기라는 나무 이름이 참 유별나다. 아름다운 꽃의 대명사인 복사꽃에서 이름의 유래를 찾는다. 꽃이 복사꽃[도(桃)]을 닮았는데 관목이므로, 풀이라 이름을 붙인 '풀도이'가 '풀도기'를 거쳐 '풀또기'가 되었다고 유추하면 너무나 지나친 억측일까?

이름이 낯설고 그 유래도 알 수가 없지만, 분홍의 자잘한 꽃들이 돋보이는 화려한 꽃나무다. 진분홍으로 맺은 꽃봉오리는 꽃이 피면서 점차 연분홍으로 변하고, 개화 기간도 상당히 길다.

풀또기는 온 나무를 뒤덮을 정도로 화려한 분홍의 꽃을 자랑하는 아주 매력적인 꽃나무다.

국립민속박물관 배경의 풀또기

산옥매

행 당 동 그 나 무

살구나무

살구씨는 살구에 비해 상당히 크고, 한자는 '杏仁'으로 쓴다.

행인은 기름을 짜서 식용으로 먹기도 하며, 거담제를 비롯해 여러 질환에 아주 효험 있는 약재로 사용된다.

서울 행당동(杏堂洞)은 과거 **살구나무**가 많았던 '살구나무골'에서 지명이 유래한 것이다.

+

과명 Rosaceae(장미과) **학명** *Prunus armeniaca*

+

杏, Apricot Tree

**

'살구나무(*Prunus armeniaca*)'는 살구를 맺는 나무다.

살구는 살결이 고운 '슬고'에서 나온 순우리말이다. 살결이 곱고 탱글 탱글한 노랑의 살구는 사람들이 아주 좋아하는 열매로, 살결 고운 여인네가 즐겨 쓰는 향긋한 살구비누는 이런 살구로 만든다.

종명 *armeniaca*는 '아르메니아(Armenia)가 원산'이라는 뜻으로, 아르메니아는 흑해와 카스피해 사이에 있는 나라다.

살구나무 이름 앞에 '개'를 붙이면 '개살구나무(*Prunus mandshurica*)'가 된다. 종명 *mandshurica*는 '중국 만주(滿洲, Manchuria)가 원산'이라는 뜻이다. 접두어 '개'가 붙으면 대개 '천박하고 못한'의 뜻이다. 따라서 개살구나무는 살구나무보다 못하고, 개살구는 살구보다 못하다. 개살구는 살구처럼 먹음직하게 생겼지만, 시고 떫어서 먹기가 어렵다. "겉모양은 그럴 듯하지만 실속이 없다"는 속담 '빛 좋은 개살구'는 이래서 생긴 말이다.

북한에서는 개살구나무를 산에 자라는 살구나무인 '산살구나무'라 한다. 개살구나무와 산살구나무, 어느 이름이 가슴에 한층 와닿는 이름일까?

우선 살구 보자?

한편 국가표준식물목록과 달리, 국가표준재배식물목록(國家標準栽培植物目錄)에서는 살구나무는 *Prunus armeniaca* var. *ansu*, 개살구나무는 *Prunus armeniaca*로 학명을 표기하고 있어 무척 당혹스럽다. 여기서 종소명 *ansu*는 살구를 가리키는 일본어 'あんず(안즈)'에서 유래한 것이다.

빨강과 파랑의 단청(丹靑)을 배경으로 한 노랑(黃)의 살구

세상에는 엉뚱한 말을 만들어 내는 한가한 사람들이 참 많은 모양이다. 순우리말인 살구를 한자 '죽일 살(殺)'과 '개 구(狗)'로 해석한 이야기가 전해 온다. 순우리말이라는 걸 알고도 재미 삼아 억지로 갖다 붙인 것이다.

"개가 살구를 먹으면 죽기 때문에, 살구나무 밑에는 개를 묶지 않는다"는 이야기가 있다. 민간에서는 "개고기를 먹고 체했을 때 살구를 먹으면 체증이 풀린다"고 여기기도 했다. 중국 의학서『동의별록(東醫別錄)』과 우리『동의보감(東醫寶鑑)』에 "살구나무의 씨는 개를 중독시키기도 하고, 개의 독을 풀기도 한다"는 기록이 있다. 이런 내용을 전부 믿지는 않더라도, 살구와 살구씨에는 특별한 효능이 있다는 것을 짐작할 수 있다.

살구씨는 살구에 비해 상당히 크고, 한자는 '杏仁(행인)'으로 쓴다. 행인은 기름을 짜서 식용으로 먹기도 하며, 거담제를 비롯해 여러 질환에 아주 효험 있는 약재로 사용된다. 행인에서 알 수 있듯이, 살구나무를 나타내는 한자는 '杏'이다. 서울 행당동(杏堂洞)은 과거 살구나무가 많았던 '살구나무골'에서 지명이 유래한 것이다.

은행나무(*Ginkgo biloba*)의 열매인 '은행(銀杏)'은 모양이 살구(杏)를 닮은 은(銀)색의 열매라는 뜻이다. 이를 보면, 은행나무 이름은 살구나무에서 유래한 것이다. 그러나 겉씨식물[나자식물(裸子植物)] 은행나무는 속씨식물[피자식물(皮子植物)] 살구나무가 세상에 모습을 드러내기 훨씬 오래전인 고생대 이첩기에 이미 나타난 나무다.

반면, 은행나무라는 이름은 살구나무가 나타난 이후에 지어진 것이다. 앞서 있었던 나무가 이름을 뒤에 나타난 나무에서 따왔다는 것은, 살구나무가 아주 중요한 나무라는 것을 의미한다.

살구씨(杏仁)

꽃보다 꽃나무 — 조경수에 반하다

창덕궁 궐내각사 약방 주변에 심은 살구나무

살구나무 숲이라는 '행림(杏林)'은 '의원(醫員)이 있는 마을'이라는 뜻이 있다. 중국 삼국시대 오(吳)나라의 명의(名醫) 동봉(董奉)은 치료비를 받는 대신에 살구나무를 심게 해 울창한 행림을 이루었고, 이 숲에서 수확한 살구를 팔아 가난한 사람들을 구제했다고 한다. 동봉은 의술(醫術)보다 진정한 인술(仁術)을 펼친 것이다.

'행림고수(杏林高手)'는 실력이 뛰어난 의사를, 살구나무 숲에 봄이 가득하다는 '행림춘만(杏林春滿)'은 훌륭한 의사의 미덕을 나타내는 사자성어다. 이런 이유로 흔히 보는 '행림한의원'은 정말 좋은 이름이다. 한편, 창덕궁 궐내각사에 '약방(藥房)'을 복원하면서 주변에 살구나무를 심은 것도 이런 까닭이다.

약방 현판

살구꽃이 피는 마을인 '행화촌(杏花村)'은 '주막(酒幕)이 있는 마을'이라는 뜻이 있다.

중국 산시성(山西省)의 이름난 술인 '분주(汾酒)'는 살구로 만든 술이다. 주막 근처에는 분주의 원료가 되는 살구나무를 심었고, 이에 '酒'를 쓴 깃발이나 살구나무는 주막을 가리키는 표식이 되었다. 자연히 살구꽃이 피는 행화촌은 주막이 있는 마을로 여겨졌다. 이런 내용은 당나라 시인 두목(杜牧, 803~852)의 칠언절구 「청명(淸明)」에 나타난다.

淸明時節雨紛紛(청명시절우분분) 청명절에 비가 부슬부슬 내리니
路上行人欲斷魂(노상행인욕단혼) 길 가는 나그네 넋을 잃을 것 같네
借問酒家何處在(차문주가하처재) 주막이 어디에 있느냐 물었더니
牧童遙指杏花村(목동요지행화촌) 목동은 저 멀리 행화촌을 가리키네

조선 선조 때의 조호익(曺好益, 1545~1609)은 『지산집(芝山集)』에 이런 글을 남겼다.

惟有門前緋杏樹(유유문전비행수) 오직 문 앞에 붉은 살구나무가 있으니
行人應擬酒家看(행인응의주가간) 사람들은 으레 주막이 있을 거라 짐작하네

그런데 병원(의원)에 어울리는 나무가 술집(주막)에도 잘 어울린다니, 살구나무는 아주 특별한 나무가 틀림없다. 병 주고 약 주는 나무가 바로 살구나무다. 그런데 "우선 살구 보자"는 이렇게 해석해도 될까? 살기 위해서는 무엇보다 먼저 살구나무를 심어야 한다.

경상북도 문경의 '청운각(靑雲閣)'은 박정희(1917~1979) 전 대통령이 1937년부터 문경서부심상소학교(현 문경초등학교) 교사로 재직하면서 3년간 하숙을 하던 곳이다.

이곳에는 '충절의 나무'라는 죽은 살구나무가 있다. 이 나무는 1979년 10월 26일 박 전 대통령이 서거하자, 이틀 뒤인 10월 28일에 살구꽃 두 송이를 피운 채 약 60년의 나이로 죽었다. 문경 사람들은 이 나무가 젊은 시절 그와 함께한 인연으로 고인의 죽음을 슬퍼해 죽었다고 여기고, 그 숭고한 뜻을 기려 충절의 나무로 이름을 붙였다.

때아닌 10월 하순에 느닷없이 살구꽃이 핀 것은 이상기후 탓이다. 이를 모를 리 없는 문경 사람들은 박 전 대통령을 잃은 슬픔을 이 나무에 담아 달랬던 것이다.

젊은 시절 기거했던 초라한 초가집은 각(閣)으로 격상해 큰 뜻을 품었다는 '청운각'으로, 인근 도로는 '청운로'로, 집 안에 있는 나무는 봉황새가 내려앉는다는 '박근혜 오동나무'로 이름을 붙인 것은 박 전 대통령의 치적을 지나치게 과시하는 것이다. 죽은 지 40년이 넘은 이 충절의 살구나무는 방부처리를 해서, 줄기와 그루터기를 유리벽 속에 남겨 보존하고 있다.

'충절의 나무'와 담장 뒤편의 '박근혜 오동나무'

경복궁 자경전(慈慶殿)과 창덕궁 성정각(誠正閣), 창경궁 환경전(歡慶殿) 및 덕수궁 석어당(昔御堂) 주변에서 오래된 살구나무를 볼 수 있다.

사시사철 아름답지만, 아기자기한 벽돌로 치장된 자경전 꽃담 주변의 살구나무는 노랗게 물드는 가을철 단풍이 특히 좋다.

창덕궁 자시문(資始門) 앞 홍만첩매실이 한창이면, 희우루(喜雨樓) 살구나무가 꽃봉오리를 살며시 열어, 주변은 매화와 살구꽃이 함께 어우러지는 화사한 풍광을 드러낸다.

단청이 없는 석어당 앞뜰의 살구나무는 봄철 꽃 필 때가 가장 좋다. 어느 이름 모를 사람은 석어당 살구나무에서의 봄맞이를 이렇게 읊었다.

———

석어당 그 앞이라 다소곳하다마는

멀리서 느끼는 빛 연분홍 봄빛이라

덕수궁 함께 거닐며 봄맞이를 하잔다

경복궁 자경전 꽃담

꽃보다 꽃나무 ― 조경수에 반하다

덕수궁 석어당 앞뜰

살구나무

살구꽃으로 피어나다

살구숲으로 태어나다

꽃보다 꽃나무 — 조경수에 반하다

살구나무는 매실나무·복사나무·자두나무와 같은 벚나무속으로, 촌수로 따지면 서로 사촌이고 꽃과 열매 둘 다 활용하는 나무다.

살구나무는 특히 매실나무와는 유전적으로 매우 가까운 근연종(近緣種)이어서 서로 자연교잡(自然交雜)이 가능하다. 복숭아와 살구, 자두는 전 세계적으로 분포하나, 매실은 동아시아에 한정된다.

세계적인 장수마을로 널리 알려진 파키스탄 훈자(Hunza)에서는 살구를 즐겨 먹는다. 해발고도가 아주 높은 고원 지대에서는 농사가 무척 어렵고 재배할 수 있는 작물이 한정된다. 훈자에서는 지붕 위에다 살구 말리는 모습을 흔히 볼 수 있다. 오래 산다는 전설의 천도복숭아와 함께, 살구는 불로장생하는 대표적인 장수식품이다.

파키스탄 훈자(Hunza)에서 살구 말리는 모습

근연종에 해당하는 '살구(apricot)'와 '매실(Japanese apricot)'은 좀처럼 구별이 쉽지 않다. 대개 살구가 매실보다 약간 크고 일찍 익는다. 살구 먹기가 매실보다는 훨씬 쉽다. 매실은 껍질이 잘 벗겨지지 않는 데 반해, 살구는 비교적 잘 벗겨진다.

과육에 엉켜 붙은 씨를 입안에서 우물거리며 뱉은 경험은 누구에게나 있다. 매실은 '점핵성(粘核性, clingstone)'으로, 씨와 과육이 서로 엉켜 붙어 잘 분리되지 않는다. 반면에 살구는 '이핵성(離核性, freestone)'이라 잘 분리되는 차이를 보인다. 주름이 많이 지고 울퉁불퉁하며 구멍이 많은 씨는 매실, 겉이 매끈한 것은 살구다. 일본에서는 살구와 매실의 상호 유연관계를 '순수 매실', '살구성 매실', '중간계 매실', '매실성 살구', '순수 살구'로 구분하기도 한다.

중국 명(明)나라의 의학자 이시진(李時珍, 1518~1593)이 편찬한 『본초강목(本草綱目)』에는 나무와 열매 달리는 모습을 형상화해 살구는 '杏(행)', 매실은 '못(매)'로 구분했다.

조경수로 활용하기 위한 꽃나무의 관점에서 살펴보면 이야기가 약간 달라진다. 살구나무·복사나무·자두나무 모두 꽃이 좋다. 하지만 오래전부터 동양에서 매화는 상징적 의미를 담은 꽃으로, 매실나무는 이들과 달리 아주 특별한 꽃나무다. 매실나무는 주로 남부 지방에서 자라는 까다로운 나무이지만, 살구나무·복사나무·자두나무는 전국 어디서나 잘 자라는 무난한 나무다.

살구와 매실의 구별과 마찬가지로, 전문가가 아니면 살구나무와 매실나무, 살구꽃과 매화의 구별은 상당히 어렵다.

살구나무는 3월 하순 잎이 나오기 전에 아주 연한 분홍색으로 꽃이

살구 꽃잎은 약간 올록볼록하고, 꽃받침은 완전히 뒤로 젖혀진다.

핀다. 매화보다 늦게 피는 살구꽃은 상대적으로 꽃술이 짧고 양도 적다. 꽃술이 길고 넉넉한 매화에서는 은근한 화려함이, 살구꽃에서는 단아한 아름다움이 느껴진다. 살구 꽃잎은 약간 올록볼록한 느낌이다. 그리고 꽃잎을 감싸는 매화의 꽃받침[화탁(花托), calyx]과 달리, 살구꽃은 꽃받침이 완전히 뒤로 젖혀진다.

　　살구나무의 어린 가지는 갈색인데, 매실나무의 어린 가지는 녹색으로 눈에 잘 띈다. 매실나무 잎은 가장자리에 규칙적으로 발달하는 톱니가 가늘고 뾰족한 반면, 살구나무 잎은 톱니가 굵고 둥글며 불규칙적으로 발달한다. 그러나 웬만한 마니아가 아니고는 이런 걸 눈여겨보지는 않을 것이다. 이런 살구나무 잎을 비비면 자극적이고 독특한 향이 난다.

시인 안도현(1961~)은 「봄꽃」에서 "살구나무는 벚나무처럼 가로수로 줄지어 심는 경우가 드물다"고 했지만, 시인의 눈높이와 조경가의 눈높이는 다른 법이다. 살구나무를 가로수로 식재하면 특색 있는 가로경관을 연출할 수 있다.

평양의 가로수는 대부분 살구나무라고 한다. 봄마다 평양 도심을 물들이는 것은 벚꽃이 아니고 살구꽃이다. 한국전쟁으로 폐허가 된 평양을 복구하면서, 김일성(1912~1994)은 살구나무를 가로수로 심으라고 지시했다. "살구나무를 가로수로 심으면 세 가지 풍치를 준다. 봄에는 꽃이 활짝 피어 거리를 아름답게 단장시키고, 여름에는 살구가 누렇게 익어 사람들을 즐겁게 하며, 가을에는 곱게 물든 단풍으로 가을 정취를 높여 준다"고 말했다는 것이다.

서울특별시의 도시공원 '서울숲' 가족마당에는 살구나무를 일정 간격으로 줄 맞추어 식재해, 살구나무 열식 특유의 아름다움을 유감없이 발휘하고 있다.

꽃이 한창일 무렵 나무 사이를 거닐면, 꽃대궐이 이루는 황홀한 분위기에 흠뻑 젖는다. 꽃말은 '처녀의 부끄러움'이라는데, 그보다는 '처녀의 눈부심'이 더 어울리는 것 같다.

살구나무는 병충해에 비교적 강한 편이다. 추위에 견디는 내한성도 강해 전국 어디서나 심을 수 있다. 그리고 나무 재질도 좋아서, 살구나무로 목탁을 만들면 만물을 깨우치는 그 소리가 아주 맑고 청아하다고 한다.

국가표준식물목록에는 살구나무와 개살구나무, 시베리아살구(*Prunus sibirica*) 등이 등재되어 있다. 살구나무는 재배종으로, 개살구나무와 시베리아살구는 자생종으로 분류하고 있다.

서울숲 가족마당

살구나무

철 없 이   믿 어 버 린   당 신 의

그 입술 앵도나무

국가표준식물명은 앵두나무가 아니고 **앵도나무**다.
그런데 나무 이름과 달리, 열매는 앵도가 아니고 '앵두'가 표준어다.
같은 경우에 해당하는 자두나무와 호두나무가 국명임을 감안하면,
앵도나무도 표준어 사용과 일관성의 원칙에 따라
국명을 '앵두나무'로 바꾸어야 한다.
+
과명 Rosaceae(장미과) **학명** *Prunus tomentosa*
+
앵두나무, 櫻桃, 鶯桃, Manchu Cherry Tree

**

앵두나무 우물가에 동네 처녀 바람났네

물동이 호미자루 나도 몰래 내던지고

말만 들은 서울로 누굴 찾아서

이쁜이도 금순이도 단봇짐을 쌌다네

───

1950년대 중반, 가수 김정애가 불러 크게 유행했던 「앵두나무 처녀」(천봉 작사, 한복남 작곡)라는 가요다. 서울이 아주 많은 사람들로 북적대는 거대도시가 된 이유가 바로 이 노래에 있다. 그나저나 바람이 나 단봇짐을 싼 이쁜이와 금순이는 서울에서 잘살고 있는지 궁금하다. 서울 간 지 60년이 넘었으니, 꽃띠 처녀가 아니고 꼬부랑 할머니가 된 것은 분명하다.

충청남도 서산 해미읍성(海美邑城)을 복원하면서 우물가에 앵두나무를 심은 이유를 이 노래에서 찾을 수 있다. 아마 이 노래 때문에 앵두나무를 심었을 것이다. 앵두나무는 양지바른 물가를 좋아하고 크게 자라지 않아

서, 동네 아낙들의 수다 공간인 우물가에 심기에 적당한 나무다.

국가표준식물명은 노래 가사의 앵두나무가 아니고 '앵도나무(*Prunus tomentosa*)'다. 그런데 나무 이름과 달리, 열매는 앵도가 아니고 '앵두'가 표준어다. 같은 경우에 해당하는 자두나무와 호두나무가 국명임을 감안하면, 앵도나무도 표준어 사용과 일관성의 원칙에 따라 국명을 '앵두나무'로 바꾸어야 한다. '자두'나무는 '자도(紫桃)'나무, '호두'나무는 '호도(胡桃)'나무가 변한 것이다.

한자는 꾀꼬리가 즐겨 먹는 복숭아라는 '鶯桃(앵도)'와, 꽃은 벚나무이고 열매는 복숭아라는 '櫻桃(앵도)' 두 가지인데, 대부분 후자를 쓴다. 櫻桃는 '아주 작은(嬰) 복숭아(桃)를 맺는 나무(木)'에서 유래한 것이다. 우리 임학계에 큰 족적을 남긴 임경빈(任慶彬, 1922~2004) 교수의 『나무백과』에는 이런 내용이 있다. "한자 櫻은 원래 '앵두 앵(櫻)'인데, 일본 사람들이 '벚나무 앵(櫻)'으로 해석했다."

＊＊

앵도나무는 3월 하순부터 4월 초순까지 잎이 나오기 전에, 흰색이나 연한 분홍색으로 꽃이 핀다. 겹꽃은 없고 전부 홑꽃으로, 꽃잎과 꽃받침이 모두 다섯 장이다.

이런 앵두꽃과 연관해, "처갓집 세배는 앵두꽃 꺾어 가지고 간다"는 속담이 있다. 세배는 새해 정초에 하는 것인데, 처가에는 앵두꽃 피는 4월에 세배하러 간다는 것이다. 이는 실제 앵두꽃이 피는 봄에 세배 간다는 말이 아니고, 처가에는 그만큼 여유를 갖고 천천히 간다는 뜻이다.

요즘 같으면 큰일 날 일이지만, 남존여비(男尊女卑)의 유교 사회에서는 흔히 있던 일이다. 정초에 서둘러 처가에 세배 가는 애처가를 조롱하거나, 처가에 뒤늦게 가는 것을 합리화하려고 만든 속담이다. 그럼에도 이 속담에는 사위의 늦은 세배에도 처가는 사랑으로 감싼다는 뜻이 담겨 있다. 이를 두고 앵두꽃은 '깊은 사랑'을 뜻한다고 하니, 무엇이든 해석하기 나름이다.

이 밖에도 "처갓집 세배는 보름 지나고 간다", "처갓집 세배는 한식(寒食) 지나고 간다", "처갓집 세배는 보리누름에 간다", "처갓집 세배는 살

앵도나무

구꽃 꺾어 가지고 간다"는 등의 비슷한 속담이 많다. 예전에는 처갓집 세배에 늑장 부리는 간 큰 남편들이 아주 많았던 모양이다. 세월이 흘러 여자를 왕비처럼 모셔야 존경을 받는 요즘 '남존여비(男尊女妃)'의 시대에는 전혀 가당치 않는 속담이다.

예전에는 담장 넘어 앵두 꽃가지를 꺾어 던져 사랑의 뜻을 전하는 '투화(投花)'라는 풍습이 있었다고 한다. 연모하는 연인의 담장 너머로 던져진 앵두꽃은 창밖에서 연가(戀歌)를 노래하는 서양의 세레나데(serenade)와는 다른 우리 선조들의 구애 방법이었다.

앵도나무는 왕벚나무보다 개화 시기는 빠르고 개화 기간은 길다. 성균관대학교.

꽃보다 꽃나무 — 조경수에 반하다

✲

아가야 나오너라 달마중 가자

앵두 따다 실에 꿰어 목에다 걸고

검둥개야 너도 가자 냇가로 가자

———

윤석중(尹石重, 1911~2003)이 노랫말을 적고, 여기에 홍난파(洪蘭坡, 1898~1941)가
곡을 붙인 「달마중」이라는 동요다. 무엇 하나 넉넉하지 않았던 옛 어린 시
절, 어린이들의 초라한 옷을 꾸미는 유일한 장식은 실에 꿰어 맨 앵두 목
걸이였다.

개나리, 진달래와 함께 어우러진 창경궁 경춘전(景春殿) 옆 화계(花階)

앵도나무

창경궁 통명전(通明殿) 후원

경복궁 함원전(含元殿) 후원의 어정(御井)

꽃보다 꽃나무 ― 조경수에 반하다

앵도나무는 꽃이 아름답기도 하지만, 주로 열매 앵두를 먹기 위해 심는 나무다. 동요처럼 앵두를 따다 목걸이를 만드는 경우는 거의 없다. 동요는 동요일 뿐이다.

이런 앵두는 늦봄과 초여름에 급속도로 익는다. 그래서 사람들은 한여름이 되어야 맛보는 살구나 자두, 복숭아보다 훨씬 일찍 달콤한 앵두를 따 먹을 수 있다. 열매는 작은데 씨가 크고, 웬만큼 먹어도 배부르지 않는 게 흠이다.

조선 초의 문신 성현(成俔)의 『용재총화(慵齋叢話)』에 "앵두를 유난히 좋아했던 아버지 세종대왕을 위해, 효심이 지극했던 문종이 세자 때 경복궁에 앵도나무를 직접 심고 가꾸었다"는 기록이 있다.

과일 가운데 앵두는 가장 먼저 익는 과일이다. 재배 기술의 발달로 사시사철 여러 과일을 맛보는 요즘과 달리, 당시에는 달콤하게 영근 앵두 말고는 임금님이 초여름에 드실 만한 과일이 아무것도 없었다. 요즘처럼 수입 과일이 있는 것도 아니었다. 앵두 철이 한참 지나야 살구와 자두, 복숭아, 사과와 배, 감의 순서로 과일을 먹을 수 있었다.

그런데 과연 세종대왕은 앵두를 유난히 좋아했던 것일까? 배가 고파 먹을 게 없으면 뭐든 맛있는 법이다. 앵두 말고는 먹을 만한 과일이 마땅치 않아서, 세자가 앵도나무를 직접 심고 가꾼 건 아닐까? 게다가 효(孝)를 중시한 유교 국가에서, 문종을 효심이 지극한 세자로 묘사한 것은 아주 당연한 일이다.

『용재총화』의 이 같은 기록 때문일까? 전통 조경공간의 식재계획을 수립할 경우에 앵도나무는 빠지지 않는다. 기록에 나온 경복궁뿐만 아니라 어느 궁궐에 가도 앵도나무를 아주 쉽게 만날 수 있다.

덕수궁 금천교(禁川橋) 옆 연못

창경궁 경춘전(景春殿) 후원

꽃보다 꽃나무 ─ 조경수에 반하다

경복궁 자경전(慈慶殿) 십장생굴뚝 옆

창덕궁 동인문(同仁門) 앞

창덕궁 운한문(雲漢門) 앞

창덕궁 선정전(宣政殿) 후원

앵도나무

'산앵도나무 꽃이 눈부신 정자'라는 이름의 안동 체화정(棣華亭). 지금은 여름철 배롱나무가 대신하고 있다.

＊
＊

2019년에 보물 제2051호로 지정된 경상북도 안동 '체화정(棣華亭)'은 산앵도나무(棣) 꽃이 눈부신(華) 정자(亭)라는 뜻이다. 영조 때 이민적(李敏迪, 1702~1763)이 형 이민정(李敏政)과 함께 기거하며 학문을 닦은 장소로, 형제의 우애를 뜻하는 '체화'는 『시경(詩經)』에서 따온 깃이다. 정자 앞 연못에 방장산(方丈山)·봉래산(蓬萊山)·영주산(瀛洲山) 세 개의 섬을 둔 전통 별서정원(別墅庭園)이다. 그런데 정자 이름의 '체(棣)'가 '산앵도나무(Vaccinium hirtum var. koreanum)'인지, 산앵도로도 부르는 '산이스라지(Prunus japonica)'인지 알기 어렵다.

흔히 '앵두 같은 입술'이라는 표현을 한다. 익을수록 톡 터질 것 같은, 반질반질한 윤기의 촉감과 티 없이 맑고 촉촉한 느낌의 빨간 앵두를 연인의 입술에 빗댄 표현이다. 고려 말의 학자, 목은 이색(李穡, 1328~1396)은 앵두를 이렇게 묘사했다.

燦爛赤櫻熟(찬란적앵숙)　찬란하게 붉은 앵두가 익어
團團諟露濡(단단심로유)　둥글둥글한 이슬에 젖었구나
摘來盤上看(적래반상간)　따다가 접시 위에 놓아 보니
箇箇是明珠(개개시명주)　하나하나가 밝은 구슬이구나

목은 이후 600여 년이 훌쩍 지난 1970년대에, 가수 최헌(1948~2012)은 「앵두」(안치행 작사·작곡)라는 노래를 발표했다. 앵두를 연인의 입술에다 포개 영원한 사랑을 형상화하고, 앵두가 떨어지면 사랑이 끝나는 것으로 노래했다.

사랑한단 그 말 너무 정다워
영원히 잊지를 못해
철없이 믿어버린 당신의 그 입술
떨어지는 앵두는 아니겠지요

어린 시절 고향의 정취와 연인의 촉촉한 입술을 떠올리게 하는 앵두. 그런데 얼마나 예뻤으면 동요 「달마중」에서는 목걸이를 만들었을까?

경상남도 진주에서는 해마다 10월에 물·불·빛을 주제로 '남강유등축

진주 남강유등축제 앵두터널

제'를 연다. 축제에서는 '앵두등'으로 둘러싸인 '앵두터널'이 등장한다. 작고 둥근 꼬마전구를 붉은 앵두에 비유해 이런 이름을 붙인 것이다. 6월에 익는 앵두가 남강유등축제에서는 10월의 밤하늘에 빨갛게 익는다.

빨갛게 익는 매력적인 모습의 열매는 시각효과는 물론이고 새들에게는 아주 좋은 먹이가 된다.

주변에 자연을 좀처럼 접하기 힘든 잿빛 콘크리트 속에서, 도시의 나무들은 단순히 보고 즐기는 관상수(觀賞樹)의 역할을 넘어 주변의 새들을 불러들이는 역할도 하는 것이 바람직하다. 이런 관점에서 꽃과 열매 모두 좋은 앵도나무는 도시의 조경수로 대단히 좋은 나무다.

＊
＊

국가표준식물목록에 자생종은 복사앵도나무(*Prunus choreiana*), 재배종은 앵도나무와 앵도나무 '레우코카르파'(*Prunus tomentosa* 'Leucocarpa') 등이 등재되어 있다.

한양도성 혜화동 전시안내센터

국민대학교

산앵두
장미과
Prunus japonica ver. nakaii (H.Lev.) Rehder
서소문역사공원

잘못 표기한 이름표

이스라지

이스라지 꽃

이스라지 열매

앵도나무

비슷하게 생긴 꽃나무로 '산이스라지(*Prunus japonica*)'와 '이스라지 (*Prunus japonica var. nakaii*)'가 있는데 구별하기가 쉽지 않다. 그런데 종명이 *japonica*라고 해서 일본에서만 자라는 나무는 아니다. 산이스라지와 이스라지는 둘 다 우리 땅에 자라는 자생종이다.

이스라지는 아주 낯설고 특이한 나무 이름이다. 표준국어대사전에 따르면, 이스라지는 앵두의 옛말 '이스랏', '이스랒'이 변한 것이라고 한다.

이스랏과 이스랒은 한자어 '移徙樂(이사락)'에서 유래한 것으로, '이사를 즐긴다'는 뜻이다. 이사를 자주 가야, 즉 자주 옮겨 심어야 좋다는 것이다. 열매를 맺는 모든 나무에 해당하는 내용이지만, 크고 달콤한 앵두를 맛보기 위해서는 양분이 충분한 흙에서 자라야 한다. 그러기 위해서는 거름을 많이 주거나, 양분이 충분한 곳으로 이사를 자주 가야 한다.

창덕궁 낙선재(樂善齋) 후원과 석복헌(錫福軒) 후원의 화계에서 이스라지를 볼 수 있다.

창덕궁 낙선재 후원

꽃보다 꽃나무 — 조경수에 반하다

창덕궁 석복헌 후원

하늘에서 팝콘이 터집니다

왕벚나무

엄밀하게 이야기하면, 진해 벚꽃은 벚나무가 아니다. **왕벚나무**라고 해야 정확한 표현이 된다.
나무 이름 앞에 '왕'이라는 접두어가 붙으면 대개 '으뜸이고 좋은'의 뜻이다.
으뜸 벚나무, 즉 꽃이 크고 화려하며 다발로 많이 피는 벚나무가 왕벚나무다.

+

과명 Rosaceae(장미과) **학명** *Prunus* × *yedoensis*

+

사쿠라, 櫻, Flowering Cherry Tree

＊＊

경상남도 창원시 진해구는 벚꽃으로 유명한 곳이다. 4월이 오면 대한민국 대표 꽃축제인 '군항제(軍港祭)'가 열리면서, 진해는 36만여 그루가 연출하는 황홀한 벚꽃 천국으로 변한다.

이 황홀한 벚꽃이 피는 나무의 이름은 '벚나무'다. 열매는 '버찌'라 하는데, 버찌를 맺는 나무인 '버찌나무'가 벚나무로 변한 것이다. 그런데 북한에서는 이 나무를 '벗나무'라 한다.

엄밀히 말하면, 진해 벚꽃은 벚나무(*Prunus serrulata f. spontanea*)가 아니다. '왕벚나무(*Prunus* × *yedoensis*)'라고 해야 정확한 표현이 된다. 나무 이름 앞에 '왕(王)'이라는 접두어가 붙으면 대개 '으뜸이고 좋은'의 뜻이다. 으뜸 벚나무, 즉 꽃이 크고 화려하며 다발로 많이 피는 벚나무가 왕벚나무다.

＊＊

국화(國花)로 공식 지정은 되지 않았지만, 일본을 상징하고 일본 사람들이 가장 좋아하는 나무가 왕벚나무다. 우리가 왕벚나무라 부르는 나무를 일본에서는 'そめいよしの(染井吉野, 소메이요시노)'라 한다.

1901년 일본의 식물학자 마쓰무라 진조(松村任三, 1856~1928)는 도쿄 우에노공원(上野公園)에서 채집한 새로운 벚나무(소메이요시노)를 국제식물학회에 보고하고, 학명을 '*Prunus yedoensis* Matsumura'로 명명했다. 종명 *yedoensis*는 나무를 발견한 도쿄의 옛 이름인 '에도(えど, 江戸)'에서 유래한 것이다. 따라서 소메이요시노의 학명은 '도쿄 벚나무'라는 뜻이다. 새로운 종(種)으로 학명을 붙이고 등록도 했지만, 원래부터 나무가 자랐던 원산지(原産地)는 찾지 못했다.

한편, 우리 왕벚나무는 1908년에 선교사로 온 프랑스인 신부 타케 (Emile Joseph Taquet, 1873~1952)가 제주 한라산에서 처음 발견했다. 그는 한라 산에서 채집한 새로운 벚나무(왕벚나무)를 동정(同定)하고자, 베를린대학교 쾨네(Bernhard Adalbert Emil Koehne, 1848~1918) 교수에게 표본을 보냈다. 독일로 부터 "한라산 나무는 몇 년 전에 마쓰무라가 발견한 소메이요시노와 같은 나무다"라는 회신이 왔다. 그래서 우리 왕벚나무는 소메이요시노와 같은 학명(*Prunus yedoensis*)을 쓰게 되었다.

한라산에서 왕벚나무를 처음으로 발견한 타케 신부의 한국 이름은 엄택기(嚴宅基)다. 1898년 만 25 세의 나이로 한국에 부임하고 나서 대구에 묻힐 때 까지, 단 한 번도 한국을 떠나지 않았다. 사실 이국 땅에서 선교를 하려면 적지 않은 돈이 필요했다. 그 래서 타케 신부는 당시 유럽에 미처 알려지지 않은 우리 식물을 채집해 소개함으로써 선교 자금을 조 달했다. 7천여 종에 달하는 식물 표본을 유럽에 보 냈는데, 이 중에서 250여 종이 새로운 종으로 등 록되었다. 우리나라에서만 자라는 '구상나무(*Abies koreana*)'가 세계적인 크리스마스트리가 된 것은 그 가 있어서 비로소 가능했다. 제주도가 밀감 농사로 성공한 것도 제주도에 적합한 품종을 도입한 그가 있어 가능했다. 타케 신부는 사제로서의 역할 못지 않게 우리 식물학에 기여한 업적이 대단하지만, 제 대로 된 평가가 없어 아쉬움이 매우 크다.

도쿄 우에노공원

꽃보다 꽃나무 — 조경수에 반하다

원래부터 자랐던 곳을 찾지 못한 소메이요시노와 달리, 우리는 한라산에서 왕벚나무 자생지를 발견했다. 나무가 자라는 자생지가 확인된 곳이 원산지가 된다. 종명 *yedoensis*에 일본 지명을 나타내는 '에도'가 들어 있지만, 이 나무의 원산지는 일본이 아니고 자생지가 확인된 우리나라다. 일본이 세계적으로 자랑하는 소메이요시노는 우리 한라산에서 태어난 왕벚나무로, 우리는 한라산에 자라는 왕벚나무가 일본으로 건너가 소메이요시노가 되었다고 주장한다. 그러나 일본은 반대로 일본에서 자라는 쇼메이요시노가 한라산으로 건너와 왕벚나무가 되었다는 등, 여러 이유로 우리의 주장을 결코 인정하지 않는다.

해남 대둔산 왕벚나무 자생지

현재 우리나라에는 왕벚나무 자생지 세 곳이 천연기념물로 지정되어 있다. '제주 신례리 왕벚나무 자생지(천연기념물 제156호)'와 '제주 봉개동 왕벚나무 자생지(천연기념물 제159호)', 그리고 전라남도의 '해남 대둔산 왕벚나무 자생지(천연기념물 제173호)'가 바로 그 곳들이다.

오랫동안 왕벚나무는 제주 한라산에서만 자라는 것으로 알려져 왔다. 그런데 1965년 4월, 해남 대둔산에서도 왕벚나무가 자라는 것이 밝혀졌다. 제주도뿐만 아니라 육지인 대둔산에서도 왕벚나무가 자란다는 사실은, 우리나라가 왕벚나무의 자생지라는 사실을 다시금 확인하는 데 큰 의의가 있다. 이 자생지들은 왕벚나무 원산지로서의 식물지리학

꽃보다 꽃나무 ― 조경수에 반하다

적 가치가 높아서 제주는 1964년, 해남은 1966년에 각각 천연기념물로 지정되었다.

그런데 일본은 이런 논란이 있는 소메이요시노를 정치·외교적으로 교묘히 이용했다. 1912년 일본은 미일 우호의 표시로 3천여 그루의 소메이요시노를 미국에 기증했다. 세계적으로 유명한 워싱턴 포토맥강(Potomac River)의 '벚꽃축제(Cherry Blossom Festival)'는 여기서 시작된 것이다.

그러나 1941년 12월, 진주만(Pearl Harbor) 공습으로 미국 내 반일감정이 극도로 고조되면서, 미국에서는 일본의 상징인 이 나무들을 베어 없애자는 여론이 들끓었다. 당시 미국에 체류 중이던 이승만(1875~1965)은 "일본은 한국의 왕벚나무까지 빼앗아 자기 것이라 우기고 외교에 이용했다. 이곳의 나무는 'Japanese cherry tree'가 아니고, 'Korean cherry tree'다!"라고 주장했다. 그래서 당시 이 나무들은 한국도 일본도 아닌 '동양벚나무(Oriental cherry tree)'로 불렸다. 어쨌든 포토맥강의 벚꽃축제가 지금까지 성공적으로 지속된 데는, 애국심이 넘쳤던 이승만을 비롯한 우리의 공이 매우 크다.

가나자와 겐로쿠엔(兼六園)

도야마(富山) 간스이공원

게로(下呂) 히다강변

꽃보다 꽃나무 — 조경수에 반하다

뉴욕(New York) 브루클린식물원　　　　　　　　　가나자와(金沢) 가나자와성

보스턴(Boston) 찰스강변　　　　　　　　　삿포로(札幌) 마코마나이공원

왕벚나무

2006년 미국 농무부(USDA: United States Department of Agriculture)에서 한라산 관음사(觀音寺) 부근에서 자라는 왕벚나무와 일본 소메이요시노의 DNA를 비교·검사한 결과, 이 둘의 유전자 일부가 일치하는 것으로 드러났다. 더 이전인 2001년 국립산림과학원의 연구에 따르면, 왕벚나무가 소메이요시노보다 유전변이가 2.5배 더 크고 다양하게 나타나는 것으로 밝혀졌다. 그리고 근연관계(近緣關係)를 추적한 결과, 우리나라 왕벚나무와 일본의 소메이요시노 둘 다 한라산에서 유래한 것이라는 결론을 내렸다.

한편, 국립산림과학원 난대·아열대산림연구소가 지난 2015년 3월부터 2016년 10월까지 한라산 전역을 조사한 결과에서는, 173개 지역에 총 194그루의 왕벚나무가 자라고 있는 것을 확인했다. 고도가 가장 낮은 자생지는 해발 165m의 남원읍 위미리 하천 주변이고, 가장 높은 곳은 해발 853m의 애월읍 봉성리 한대오름이었다. 수고는 5~19m, 흉고직경은 15~145cm로 측정됐다. 꽃 색깔은 흰색부터 분홍색까지 다양하게 나타났다. 그리고 가장 어린 나무는 15년, 제일 나이가 많은 나무는 265년으로 큰 차이를 보였다.

그중에서 해발 607m의 봉개동 개오름에서 발견한 왕벚나무는 수고 15.5m, 밑동둘레 4.5m, 흉고직경 145cm로, 생장추(生長錐)로 수간(樹幹)을 뚫어 수령을 265년으로 추정했다. 이는 지금까지 알려진 우리나라 왕벚나무 가운데 가장 오래된 나무다. 일본에는 최고 수령 150여 년인 소메이요시노가 있다고 한다. 이를 근거로 한라산이 왕벚나무의 원산지임을 확고하게 증명하는 것으로 결론지었다. 산림청은 왕벚나무가 집중적으로 분포하는 지역을 '산림유전자원보호구역'으로 지정해 보호·관리하고 있다.

그런데 2018년 9월에는 이와 전혀 다른 연구 결과가 발표되었다. 유전체(遺傳體) 분야의 세계적인 저널『게놈 바이올로지(Genome Biology)』에「유전체로부터 확인한 야생 벚나무류의 잡종화를 통한 왕벚나무의 형성」이라는 제목의 논문이 게재된 것이다.

소메이요시노(*Prunus* × *yedoensis* Matsumura)

이 논문은 소메이요시노의 원산으로 여긴 우리 나무를 한라산에 자라는 '제주왕벚나무'와 국내에 심은 '왕벚나무'로 구분하고, "제주왕벚나무는 부계(父系) '산벚나무(*Prunus sargentii*)'와 모계(母系) '올벚나무(*Prunus spachiana* f. *ascendens*)'의 교잡종(交雜種)이다"는 결과를 발표했다. 산벚나무는 '산에 흔한 벚나무', 올벚나무는 '꽃이 일찍 피는 벚나무'라는 뜻이다. 즉, 제주왕벚나무는 유전적으로 일본의 소메이요시노와 다른 나무이고, 우리 땅에 심은 왕벚나무는 소메이요시노와 같은 나무로 그 후손이라는 것이다.

현 국가표준식물목록에 왕벚나무(*Prunus yedoensis*)는 '왕벚나무(*Prunus* × *yedoensis*)'로, 제주벚나무(*Prunus yedoensis* f. *nudiflora*)는 '제주왕벚나무(*Prunus* × *nudiflora*)'로 국명과 학명을 바꾸어 교잡종으로 표시하고 있다. 여기서 학명의 '×' 표시는 교잡종을 의미한다.

어쨌든 전 세계적으로 통용되는 학명 *Prunus* × *yedoensis*에는 일본 지명 '에도(えど)'가 들어가 있다. 따라서 일본이 자랑하는 소메이요시노가 대한민국의 나무라는 우리 주장에 다른 나라 사람들이 공감하기는 대단히 어렵다. 게다가 그들은 자기와 이해관계가 없는 이런 일에는 아무 관심도 없다.

화려한 봄꽃축제의 주인공인 왕벚나무는 3월 하순부터 4월 초순의 잎이 나오기 전에 연분홍색으로 꽃이 피며, 질 때에는 약간 흰색으로 변한다. 지름 3cm 정도의 홑꽃으로, 꽃잎은 다섯 장이고 향기는 거의 없다.

꽃은 대단히 아름답고 화려하다. 화려함을 넘어 현란하다고 한다. 세상에서 가장 화려하고 현란한 꽃이 바로 왕벚나무 꽃이다. 이 세상 어느 꽃도 왕벚나무와 겨룰 수 없다. 꽃은 거의 동시에 피며, 수많은 꽃들이 한꺼번에 온 나무를 뒤덮는다. 많은 사람들이 "하늘에서 팝콘이 한꺼번에 터진다"고 하지만, 이런 꽃이 활짝 피었을 때의 눈부신 황홀경은 어떠한 수식어로도 적절하게 표현하기 어렵다.

활짝 핀 꽃에 어느덧 바람이 불면, 4월 하늘의 연분홍빛 함박눈은 순

서울숲 벚꽃길

식간에 꽃비로 변한다. 하얀 꽃잎들이 일제히 바람에 흩날리며 마치 꽃비가 내리는 듯이 떨어지면서 황홀한 분위기를 연출한다. 점점이 흩날리며 떨어지는 꽃잎들은 이내 바닥에다 하얗게 수를 놓는다. 봄노래를 대표하는 「벚꽃 엔딩」(장범준 작사·작곡)에서, 버스커 버스커(Busker Busker)는 벚꽃 지는 모습을 이렇게 노래했다.

───

봄바람 휘날리며 흩날리는 벚꽃 잎이
울려 퍼질 이 거리를 둘이 걸어요

───

왕벚나무는 꽃이 너무나 아름답고 화려해서, 꽃 필 때와 꽃이 없을 때의 모습은 차이가 많이 난다. 사람을 못 알아 볼 정도로 화려하게 치장한 얼굴과 민낯의 차이라고 하면 비유가 적절할까? 사실 왕벚나무는 꽃이 없을 때도 아름다운 나무다.

좋을 때는 한없이 좋다가, 상황이 바뀌면 안면몰수하고 확 돌아버리는 변절자를 흔히 '사쿠라(さくら)'라고 한다. 사전에는 사쿠라를 다른 속셈을 가지고 어떤 집단에 속한 사람, 특히 여당과 야합하는 야당 정치인으로 설명하고 있다.

사쿠라는 '벚꽃[櫻(앵)]'을 가리키는 일본어다. 꽃이 피면 너무나 아름답고 화려하지만, 꽃이 지면 전혀 다른 모습으로 변하는 벚꽃의 특성에서 유래한 것이다. 요리사들은 변절자를 뜻하는 사쿠라가, 쇠고기로 알고 샀는데 실은 말고기였다는 '사쿠라니쿠(さくらにく, 櫻肉)'에서 유래한 것이라고 한다. 한편, 규슈 가고시마(鹿兒島)의 상징이자 활화산으로 유명한 '사쿠라지마(櫻島)'는 섬 모양이 벚꽃처럼 생겨서 붙여진 이름이다.

가고시마 센간엔(仙巖園)에서 바라본 사쿠라지마(櫻島). '차경(借景)'을 활용했다.

벚꽃이 흩날리는 도야마(富山)

꽃보다 꽃나무 ― 조경수에 반하다

일본 문화에서 유래한 화투(花鬪)에서, 3월을 의미하는 그림은 사쿠라다. 3월의 화투 그림은 온통 화려한 벚꽃으로 채워져 있다. 우리 벚꽃축제는 4월이지만, 우리보다 따뜻한 일본의 벚꽃축제는 3월이 최고 절정기다.

3월의 화투패, '사쿠라'

해마다 3월이 되면 일본 전역은 벚꽃놀이 열기로 들썩인다. 일본 정부는 공식적으로 '사쿠라를 보는 모임(櫻を見る会)'이라는 벚꽃놀이 행사를 개최한다. 이 행사는 1952년부터 벚꽃 명소로 유명한 도쿄 도심에 있는 '신주쿠교엔(新宿御苑)'에서 열리고 있다. 행사에는 왕실 인사를 비롯해 국회의원, 각국 외교관, 언론인, 각계 대표 등 많은 사람들이 초대된다.

2019년에는 아베 신조(安倍晋三, 1954~) 전 총리가 자기 지역구인 야마구치현(山口県) 주민들을 대거 초대해, 국민 세금으로 진행되는 공식적인 정부 행사를 개인 후원회 친목모임으로 활용했다는 일명 '사쿠라 스캔들'에 휩싸이기도 했다. 1995년 고베대지진, 2011년 동일본대지진 때를 제외하고는 해마다 열렸는데, 코로나 바이러스가 한창이던 2020년에도 행사는 성황리에 열렸다.

2019년 '사쿠라를 보는 모임(櫻を見る会)'

©内閣官房内閣広報室 / CC BY 4.0

왕벚나무

서울 개화 기준목

＊＊

왕벚나무는 꽃이 거의 동시에 피고 동시에 진다. 꽃은 황홀할 정도로 대단히 화려하고 현란하지만, 꽃향기는 거의 없고 개화 기간도 상당히 짧다.

사람 사는 세상의 이치는 대개 공평한 법이다. 가늘고 긴 삶을 택하는 대신에, 왕벚나무는 굵고 짧은 삶을 택했다. '미인박명(美人薄命)'이 여기에 해당하는 것일까? 이 나무는 오래 살지 못한다. 은행나무는 흔히 천 년을 넘게 산다고 하지만, 왕벚나무는 백 년 살기도 무척 버겁다. 세상 어느 꽃도 견줄 수 없이 아름답고 화려한 꽃을 피우기 위해서, 왕벚나무는 죽을힘을 다해 모든 에너지와 열정을 쏟아부어야 한다. 해마다 이렇게 도에 지나치는 버거운 일을 무리하게 하면 오래 살기는 어렵다.

작은 공 모양으로 맺는 왕벚나무 열매는 핵과(核果)로 '버찌'라 한다. 6월에 검붉게 익는데, 과즙이 많고 달콤하나 맺는 양은 대체로 적은 편이다. 바닥에 떨어진 버찌가 으깨지면 바닥은 온통 검붉은 색으로 얼룩이 든다. 먹음직한 버찌의 유혹을 뿌리치지 못하면 혓바닥도 마찬가지가 된다.

왕벚나무는 따뜻한 제주도에서부터 꽃이 피기 시작해, 하루 약 40km의 속도로 꽃소식을 북쪽으로 전한다. 제주도에서는 대략 3월 15일 전후로 꽃이 피기 시작한다. 1951~1980년에 부산은 3월 31일, 인천은 4월 19일로 19일 차이가 났지만, 1981~2010년에는 부산 3월 28일, 인천 4월 12일로 보름 차이가 났다. 즉, 개화 시기는 빨라지고 개화 시점의 간격은 4일 단축됐다. 2018년에는 부산 3월 27일, 인천 4월 6일로 열흘 차이가 났는데, 지구 온난화가 서서히 진행되고 있음을 기록에서 알 수 있다.

한편, 서울에서의 개화는 '서울기상관측소(서울 종로구 송월길 52)'에 있는 왕벚나무의 한 가지에 세 송이 이상의 꽃이 활짝 피었을 때를 기준으로 삼는다.

서울 석촌호수

강릉 경포습지

왕벚나무

영남대학교 거울못

경상국립대학교 가좌천

꽃보다 꽃나무 ― 조경수에 반하다

지구 온난화로 기후위기가 당면한 문제로 등장한 요즘에는, 게릴라 한파나 기상이변으로 예년보다 개화 시기가 아주 들쭉날쭉해, 이를 정확히 예측하기가 상당히 어렵다. 만발하게 핀 화려한 벚꽃을 상상하고 먼 길을 마다하지 않고 축제장에 왔는데, 정작 축제의 주인공인 벚꽃을 제대로 즐기지 못하는 경우는 아주 흔하게 생긴다.

　　벚꽃축제의 기원은 일제 강점기인 1910년대에 심은 창경궁(昌慶宮)의 벚꽃을 구경하면서 시작되었다. 우리 국민들의 관심사를 일본을 상징하는 벚꽃 구경으로 돌리기 위한, 고도로 계산된 문화 통치수단의 하나였다. 창경궁의 명칭을 한층 격이 낮은 '창경원(昌慶苑)'으로 바꾸고 식물원과 동물원을 만들어 벚꽃놀이를 즐기게 함으로써, 국가를 상징하는 왕궁을 한갓 유원지로 전락시켰다.

　　이런 이유로 벚꽃축제를 일제의 잔재로 여겨, 일부에서는 벚꽃축제의 명칭을 '봄꽃축제'로 바꿔야 한다는 주장이 있었다. 그 결과, 전국에서 봄나들이하는 사람들이 가장 많이 찾는 벚꽃축제인 '영등포 여의도 벚꽃축제'는 2006년부터 공식 명칭을 '영등포 여의도 봄꽃축제'로 변경해 오늘에 이르고 있다.

　　그러나 왕벚나무는 일본 나무가 아니고 원래 한라산에 자라는 우리 나무라는 사실을 강조하면, 이야기는 완전히 달라진다. 벚꽃축제가 일제 강점기에 불순한 의도에서 시작되었다는 이유로, 명칭을 봄꽃축제로 변경하자는 주장은 국제화의 어울림 시대에 논리나 설득력이 한참 부족한 것 같다. 어쨌든 이런 논란에서 자유롭지 못해서인지, 천안 독립기념관에는 왕벚나무를 심지 않았다. 주체(主體)를 특히 강조하는 북한에서도 왕벚나무를 일제의 잔재로 여겨 심지 않는다고 한다.

일본 50엔 주화

우리가 왕벚나무라 부르는 일본의 소메이요시노는 우리 무궁화처럼 관념상의 국화(國花)로, 공식적인 법률에 따라 제정된 공식 국화는 아니다. 일본 황실(皇室)을 대표하고 상징하는 꽃은 50엔(円) 동전에 새겨진 '국화(菊花, *Chrysanthemum spp.*)'다.

✳

일제는 진해에 해군 항을 건설하기 전부터 도로를 중심으로 자기 나라에서 가져온 소메이요시노를 심었다. '화개 십리 벚꽃길'로 이름난 경상남도 하동 쌍계사(雙溪寺) 입구에 이르는 왕벚나무는 1925년부터 심은 것으로 알려져 있다. 나무를 심은 역사가 꽤 오래된 셈이다.

해방 이후 "일제의 잔재를 몰아내자!"는 바람이 불면서, 진해를 비롯한 전국에서 수많은 왕벚나무가 베어 없어졌다. 지금의 왕벚나무가 다시 심어진 것은 1964년 정부가 제주의 왕벚나무 자생지를 천연기념물로 지정하는 등 적극적인 보존에 나서고, 왕벚나무는 우리나라 나무라는 인식이 높아진 이후가 된다.

1963년부터 군항제가 시작된 진해에는 약 36만여 그루의 왕벚나무가 가로수로 심어져 있다. 지금 있는 나무들은 대부분 일본에서 가져와 심은 것으로, 소메이요시노의 후손에 해당하는 사쿠라다. 봄꽃축제로 유명한 여의도 왕벚나무도 일제 강점기에 창경궁에 심은 소메이요시노에서 증식한 것이다.

왕벚나무는 씨로 실생 번식을 하면 제각기 특성이 다른 왕벚나무가 만들어진다. 그래서 화려한 왕벚나무 꽃을 동시에 피우기 위해서는 반드시 접목 번식을 해야 한다. 벚나무를 대목(臺木)으로 왕벚나무 가지를 접붙

소메이요시노의 후손

꽃보다 꽃나무 — 조경수에 반하다

여 증식하는 것이다. 지금까지 식재된 왕벚나무는 일본에서 가져온 소메이요시노에서 증식한 묘목을 조경수로 키운 것이다. 따라서 지금부터는 한라산에 자라는 '제주왕벚나무'를 비롯한 우리 나무를 증식해, 사쿠라가 아닌 우리 나무를 심어야 한다. 이런 관점에서 최근 우리 땅에 잘 자라고 꽃이 빨리 피는 '올벚나무(Prunus spachiana f. ascendens)'가 각광을 받고 있다.

우리 벚나무 기념식수
(수종명 : 올벚나무)

2020년 3월 11일

🏛 **국립산림과학원장 외 직원일동**

바닷가에 잘 자라는 왕벚나무, 남해군 남면

산수유와 함께한 왕벚나무 단풍, 북서울꿈의숲

꽃 피는 나무가 대부분 그러하듯이, 왕벚나무는 햇볕을 좋아하는 양수(陽樹)다. 양지바른 곳에서는 꽃이 잘 피고 자람이 좋으나, 그늘에서는 생장이 더디고 개화 상태도 나쁘다. 추위에 견디는 내한성은 강해 전국 어디서나 식재 가능하다.

원래 제주도 한라산에서 발견된 내염성이 강한 나무로, 해안 매립지나 간척지의 가로수로 활용하기에 아주 좋다. 일부 오염물질에 다소 약한 것으로 알려져 있으나 온실가스 저감에는 상당한 효과를 나타내므로, 대기오염이 심한 공단이나 도심지에 식재할 경우에는 이 점을 충분히 고려해야 한다. 사질양토를 좋아하나 토성을 크게 가리지는 않는다. 생장은 비교적 빠른 편이고, 가을에 붉게 물드는 단풍도 아름답다.

왕벚나무 단풍

그러나 왕벚나무는 병충해가 많고 맹아력도 대단히 약하다. 전정을 강하게 하면 수세가 약해지고 절단된 부위가 썩는다. 따라서 왕벚나무는 되도록이면 전정하지 않고 자연스런 수형을 유지하는 것이 바람직하다. 일본에는 이런 말이 있다.

왕벚나무 둥치

———

櫻を切る馬鹿, 梅を切らぬ馬鹿
벚나무를 자르는 바보, 매실나무를 자르지 않는 바보

———

"벚나무는 전정을 하면 나쁘고, 매실나무는 전정을 해야 꽃과 열매가 좋다"는 뜻이다. 줄기나 가지에 상처가 생기면 잘 아물지 않고 썩는다. 가지가 부러지면 대부분 가지가 말라 죽는다. 따라서 바람이 강하게 부는 곳이나 줄기에 상처 나기 쉬운 어린이놀이터 주변에 식재할 경우에는 이런 점을 세심히 고려해야 한다.

광양제철소 주거단지 가로식재

＊＊

왕벚나무를 비롯한 벚나무류 나무들은 꽃이 대단히 아름답고 화려해서,
식재계획을 수립할 때 빼놓을 수 없는 나무가 된다. 이 나무들은 우리나라
와 일본, 중국의 온대 산지에 주로 분포하는데, 우리나라에는 왕벚나무를
비롯해 벚나무, 산벚나무, 올벚나무, 제주왕벚나무, 섬벚나무, 섬개벚나
무, 개벚지나무, 산개벚지나무, 분홍벚나무, 잔털벚나무, 사옥, 별벚꽃나
무, 귀룽나무, 모두 14종이 자생하고 있다.

　　2020년 국립산림과학원 산림바이오소재연구소는 자생 벚나무류를

꽃보다 꽃나무 — 조경수에 반하다

가로수로 활용하는 연구에서, "벚나무류 나무들은 이산화탄소(CO_2)를 비롯한 온실가스 저감에 탁월한 효과를 발휘한다"는 결과를 발표했다. 이러한 연구 결과는 온실가스로 인한 지구 온난화로 기후위기가 당면한 문제로 등장한 요즘에 시사하는 바가 매우 크다.

꽃이 특히 화려한 왕벚나무는 벚나무류 중에서 조경수, 특히 요즘에는 가로수로 가장 많이 심는 나무다. 이런 왕벚나무를 대신해 벚나무나 산벚나무를 심는 경우가 많다. 벚나무와 산벚나무는 왕벚나무에 비해 상대적으로 가격이 저렴한 나무다. 왕벚나무·벚나무·산벚나무가 서로 다른 나무라는 사실을 모르고, 같은 나무로 취급해 심는 경우도 있다.

식재설계도 상의 왕벚나무는 당연히 왕벚나무로 시공되어야 한다. 그러나 왕벚나무가 아닌 다른 나무로 시공되는 사례가 흔히 생긴다. 이런 경우 왕벚나무만이 갖는 차별화된 식재효과를 나타내지 못하게 되고, 설계자가 의도한 식재공간은 완벽하게 만들어지지 않는다.

벚나무류는 종류가 많고 자연교잡이 가능해 정확한 나무 이름을 알기 어렵다. 비슷한 나무들의 분류학적 구분도 이해하기 어렵다. 조경공사 현장이나 일반적으로 통용되는 나무 이름이 국가표준식물목록에 없는 경우가 많다. 사람에 따라 같은 나무인데 다른 이름으로 부르기도 한다. 국제식물명명규약에 따른 학명과 연관해서 유추하기도 어렵다.

따라서 벚나무류 나무들의 정확한 나무 이름과 수종 간의 구분을 명확히 하는 것이 시급하다. 나무 이름은 일반명이나 향명보다는 정확한 국명을 사용해야 한다. 이는 식물의 특징을 잡아 다른 식물과 구분하고 이름을 정하는 '식물분류학(植物分類學)'의 영역으로, 식물분류학을 전공하지 않은 필자의 한계를 넘는 부분이다.

왕벚나무

산벚나무

비슷하게 생긴 왕벚나무와 벚나무(*Prunus serrulata f. spontanea*), 산벚나무(*Prunus sargentii*)를 구분하기는 상당히 어렵다. 벚나무의 종명 *serrulata*는 '잎 가장자리에 잔 톱니가 있는', 종소명 *spontanea*는 '야생', '자생'이라는 뜻이다. 산벚나무의 종명 *sargentii*는 아놀드수목원의 초대 원장을 지낸 '사전트(Charles Sprague Sargent, 1841~1927)'에서 유래한 것이다.

산에서 환하게 웃는 산벚나무

잎이 나오기 전에 꽃이 피는 왕벚나무와 달리, 벚나무와 산벚나무는 대개 잎이 나오면서 꽃이 피기 시작한다. 따라서 벚나무와 산벚나무의 개화 시기는 왕벚나무보다 늦다. 왕벚나무 꽃이 지기 시작하면, 그제야 벚나무와 산벚나무 꽃이 피기 시작한다. 벚나무보다는 산벚나무가 다소 늦은 편이다.

왕벚나무는 잎이 없이 화려한 꽃만 보이므로 아주 현란한 느낌을 표출한다. 벚나무와 산벚나무는 꽃 맺는 수(數)와 피는 양(量)이 적어, 눈부실 정도로 현란한 왕벚나무에 비해 다소 여유로운 느낌이다.

산벚나무는 '산형화서(繖形花序, umbel)', 왕벚나무와 벚나무는 '산방화서(繖房花序, corymb)'로 꽃이 핀다. 산형화서는 꽃대 끝에 여러 꽃이 우산 모양으로 달리는 꽃차례로, 한자를 '傘形花序'로 쓰기도 한다. 산방화서는 '총상화서(總狀花序, raceme)'와 산형화서의 중간에 해당하는 꽃차례다. 가운데 꽃대를 중심으로 여러 꽃이 모여 피는데, 꽃자루가 아래쪽 꽃은 길고 위쪽 꽃은 짧아 거의 평평하게 피게 된다.

나무껍질 색깔이나 잎자루와 꽃자루에 있는 털의 유무로 구분하기도 하나, 절대적인 기준은 아니다. 잎자루와 꽃자루에 털이 있는 왕벚나무와 달리, 벚나무와 산벚나무는 털이 거의 없다. 벚나무에 비해 산벚나무는 꽃자루가 짧다.

왕벚나무에 비해 벚나무·산벚나무의 잎과 잎자루에는 꿀샘이 많이 나타나 만지면 끈적끈적하다. 꽃이 아닌 곳에 나타나는 이런 꿀샘을 '화외밀선(花外蜜腺, extrafloral nectary)'이라 한다. 꽃에 있는 꿀샘은 벌과 나비를 불러 열매를 맺는 수정을 위한 것이지만, 화외밀선은 응애나 진딧물이 오지 못하도록 개미를 부르기 위한 것이다. 초등학교 수업시간에 들었던 공생 관계다.

왕벚나무에 비해 여유로운 느낌의 산벚나무

복사나무 잎을 핥으면 단맛이 난다. 자두나무 잎에도 이런 꿀샘이 있다. 이렇게 꽃이 아닌 곳에 꿀샘이 있는 것은 배고픈 개미를 호위병으로 활용하려는 것이다. '식물인간'이라는 말이 있어 식물은 아무 생각 없는 한갓 미물에 지나지 않는 것으로 여기지만, 움직이지 못하는 이런 나무들은 아주 교묘하게 개미를 이용하고 있다.

수양벚나무(일반명)

가지가 밑으로 처지는 벚나무를 흔히 '수양벚나무'라 한다. 그러나 국가 표준식물목록에 수양벚나무라는 이름은 없다. 수양벚나무는 국가가 나무 이름을 표준으로 정한 국명이 아니고, 일반적으로 통용되는 일반명에 지나지 않는다.

국가생물종지식정보시스템의 벚나무속을 검색해서 '처진', '수양(垂楊)', 처진다는 뜻의 '펜둘라(pendula)'가 들어 있는 나무를 찾으면, 처진개벚나무(*Prunus verecunda* var. *pendula*)와 수양올벚나무 '펜둘라 로세아'(*Prunus pendula* 'Pendula Rosea')밖에 없다.

잘못 표기한 나무 이름표를 주변에서 쉽게 볼 수 있다. 아주 흔한 '수양벚나무(*Prunus verecunda*)'라는 이름표는 있을 수가 없다. 다만, 옛 목록에 학명은 같지만 한글 이름이 다른 '개벚나무(*Prunus verecunda*)'가 있었다. '수양올벚나무(*Prunus pendula* 'Pendula Rosea')'로 표기한 이름표는 수양올벚나무 '펜둘라 로세아'(*Prunus pendula* 'Pendula Rosea')로 고쳐야 한다.

생활공간 주변의 나무에 이름표를 붙이는 목적이 사람들에게 나무에 대한 정확한 정보를 제공하는 데 있는 걸 감안하면, 이렇게 틀린 나무 이름표는 차라리 없는 게 낫다.

잘못 표기한 나무 이름표

능수벚나무
Prunus leveilleana var. *pendula* 장미과

수양올벚나무
Prunus pendula
'Pendula Rosea'

수양벚나무
Prunus x subhirtella 'pendula'
장미과

수양벚나무
Prunus verecunda
Rosebud Cherry
장미과

꽃보다 꽃나무 — 조경수에 반하다

국립서울현충원

덕수궁 석조전

꽃보다 꽃나무 ― 조경수에 반하다

한국관광공사에서 추천한 벚꽃 명소이자, '휘늘어진 수양벚꽃'으로 유명한 국립서울현충원에서는 해마다 4월에 '수양벚나무 축제'를 연다.

병자호란 때 인조(재위 1623~1649)는 삼전도(三田渡)에서 청(淸) 태종에게 이마가 땅에 닿도록 세 번 절하고 아홉 번 머리를 조아리는 '삼배구고두례(三拜九叩頭禮)'의 치욕을 겪었다. 이후 8년간 선양(瀋陽)에 볼모로 잡혔던 효종(재위 1649~1659)은 청나라를 정복할 북벌계획을 세우고, 서울 우이동에 활을 만들 벚나무를 대규모로 심었다고 한다.

이런 역사적 사실과 기록을 두루 살피면, 나라를 위해 고귀한 목숨을 바친 영령들을 모신 국립서울현충원에 있는 수양벚나무는 나름대로 의미 있는 나무가 된다.

교토 덴류지(天龍寺)

그런데 이 나무가 처진개벚나무인지, 수양올벚나무 '펜둘라 로세아'인지, 아니면 국가표준식물목록에 등재되지 않은 나무인지, 도저히 알 수가 없다. 식물분류학을 전공하지 않았다는 핑계로, 이럴 때는 정확한 국명보다는 일반적으로 통용되는 수양벚나무로 부르는 게 좋다는 생각이다. '탄력적 수용'이라고 하던가? 이를 조경수에 허용하는 융통으로 이해한다면, 식물분류학자들은 어떻게 생각할까?

수양벚나무는 가지가 밑으로 늘어지므로, 개화기에는 화려한 수직의 꽃물결을 만끽할 수 있다. 나무 아래에 서면 하늘에서 불꽃이 떨어진다고 표현하는 사람도 있다. 바람이 불면 나무는 온몸으로 춤을 춘다. 바람에 따라 일렁이는 현란한 꽃물결은 수양벚나무만이 갖는 시각적 특성이다. 이런 특성이 있어 물가에 특히 잘 어울리고, 왕벚나무와는 다른 특별한 용도로 활용할 수 있다. 수양벚나무의 개화 시기는 왕벚나무와 거의 같거나 약간 빠른 편이다.

순천 선암사

겹벚나무
Prunus donarium

여러 겹의 겹꽃이 피는 벚나무를 흔히 '겹벚나무'라고 한다. '서울수목원 (The Seoul Arboretum)'이라는 개념으로 조성한 '서울로 7017'에는 겹벚나무 (*Prunus donarium*)라 이름을 붙인 나무가 있는데, 국가표준식물목록에 겹벚 나무라는 이름은 없다. 다만, 옛 목록에 이런 학명이 한글 이름을 정하지 못한 나무로 나타나 있었다. 이런 이유로 영명 'Donarium cherry tree' 로 표기한 나무 이름표를 종종 볼 수 있다.

겹벚나무도 국명이 아닌 일반명에 지나지 않는다. 수양벚나무의 경 우와 같이, 일반적으로 통용되는 겹벚나무로 부를 수밖에 없다. 일본에서 는 이 나무의 학명을 '*Cerasus serrulata*'로 표기하고 있다. 속명까지 우 리와 다르게 분류하고 있는데, 이 학명은 우리 국가표준식물목록에 나와 있지도 않다.

겹벚나무는 대개 옆으로 퍼져 자라므로, 왕벚나 무에 비해 수고가 작고 수관폭은 크다. 이런 차이가 있어, 왕벚나무보다는 식재공간에 다소 여유가 있어 야 한다. 그래서 폭이 좁은 보도의 가로수로는 겹벚나 무보다 왕벚나무를 즐겨 심는다.

이 나무의 개화 시기는 왕벚나무보다 늦다. 왕벚 나무 꽃이 지면, 이어서 겹벚나무 꽃이 피기 시작한 다. 따라서 왕벚나무와 겹벚나무를 적절히 배식하면, 꽃대궐의 황홀한 세상을 누리는 기간을 연장할 수 있 다. 꽃 색깔은 분홍색이 대부분이나 흰색, 붉은색, 연 노랑, 연초록에 이르기까지 매우 다양하다. 왕벚나무 에 비해 꽃향기도 약간 나고 개화 기간도 길다.

도쿄 신주쿠교엔(新宿御苑)

도쿄 겐세이(憲政)기념공원

왕벚나무

건국대학교 일감호

경상국립대학교

부산 유엔기념공원

꽃보다 꽃나무 — 조경수에 반하다

‘귀룽나무(*Prunus padus*)’는 특이한 이름이 인상적인 나무다. 특이한 이름인 만큼 그 유래도 다양하다.

원래 이름은 ‘귀룡(龜龍)나무’였다고 한다. 수피가 거북이(龜) 등껍질처럼 갈라지고, 줄기와 가지가 흡사 용(龍)트림하는 것 같다는 귀룡나무가 시간이 지나면서 귀룽나무로 되었다는 것이다. 그러나 이 나무를 아무리 살펴도 이런 이름을 쓸 정도로 거북이의 느낌은 없다.

한자는 ‘九龍木’으로 쓰는데, 불교의 아홉(九) 마리 용(龍)과 연관해 ‘구룡나무’에서 유래했다고도 한다. 마야(Maya) 왕비가 부처(Buddha)를 낳고 목욕을 한 연못이, 룸비니(Lumbini)에 있는 마야데비(Mayadevi)사원의 ‘구룡못(Puskarni pond)’이다. 부처가 태어날 때 하늘에서는 아홉 마리 용이 내려오고, 땅에서는 연꽃이 솟아올랐다고 한다.

한편, 구룡나무 이름은 아래로 축 늘어지는 꽃이 마치 아홉 마리 용의 모습과 닮았다는 데서 유래했다고도 한다.

특이한 이름과 더불어 꽃 피는 모습도 인상적이다. 4월에 하얗게 피는 꽃의 모습을 뭉게뭉게 피어오르는 구름에 빗대어, 북한에서는 ‘구름나무’라 한다. 어렵고 유별난 귀룽나무보다는 구름나무가 한층 정겨운 이름이다.

귀룽나무 꽃

구름나무라 부를 정도로 꽃 맺는 수와 피는 양은 대단히 많다. 가운데 꽃대를 축으로 20~30개의 꽃이 길게 달리는 ‘총상화서(總狀花序)’로, 꽃은 마치 꼬리 모양으로 아래로 축 늘어진다. 귀룽나무는 벚나무류 중에서 가장 긴 총상화서를 가진다. 바람이 불면 일렁이는 꽃물결의 구름이 이 나무의 시각적 매력이다. 꽃향기가 좋고 꿀도 많아서 벌이 아주 좋아하는 ‘밀원식물(蜜源植物)’이다. 잎과 잎자루에는 꿀샘인 화외밀선이 발달한다.

북한에서는 '구름나무'

꽃향기는 좋으나 가지를 꺾으면 이상한 냄새가 나고, 이 냄새를 특히 파리가 싫어한다는 말이 있다. 파리가 싫어하는 냄새를 사람이 좋아할 리 없고, 굳이 맡을 이유도 없다. 하지만, 호기심이 높고 탐구력이 강한 사람은 파리채 대신에 이 귀룽나무 가지를 사용해 보면 어떨까? 재미 삼아 한 번 해 보면, 효과가 없다는 걸 금방 알 수 있다.

허풍 떠는 사람은 예전에도 많았던 모양이다. 꺾은 가지에서는 아무 냄새도 나지 않는다. 아래로 처지는 가지는 파리 쫓기에 적당할 정도의 탄력이 있어, 이상한 냄새가 난다는 거짓말을 덧붙여 그럴싸한 이야기를 만든 것이다.

이른 봄에 나오는 어린 순은 나물로 먹고, 한방에서는 잔가지를 말려 체했을 때 약으로 쓴다. 지리산 인근에서는 이 나무와 함께 꾸지뽕나무(*Cudrania tricuspidata*), 오갈피나무(*Eleutherococcus sessiliflorus*), 음나무(*Kalopanax septemlobus*), 마가목(*Sorbus commixta*)을 가리켜 '지리산 오약목(五藥木)'이라 한다.

마가목 꽃과 열매

귀룽나무는 벚나무류 중에서 가장 빨리 자라는 나무로 알려져 있다. 따라서 녹화가 아주 시급한 곳에 식재하면 빠른 기간에 좋은 조경효과를 거둘 수 있다.

7~8월에 콩알 크기의 성근 포도송이 모양으로 검게 익는 열매는 약효가 있을 뿐 아니라, 'Bird cherry'라 불릴 정도로 새에게는 좋은 먹이가 된다. 자연과 교감이 어려운 요즈음의 거대한 콘크리트 회색 도시에서, 도시의 나무들은 단순히 보기 위한 관상수의 역할을 넘어 인근의 새나 동물을 유치하는 기능을 갖는 것이 바람직하다. 이런 관점에서 귀룽나무는 눈여겨볼 만한 아주 좋은 꽃나무다.

왕벚나무를 비롯한 벚나무류 나무들은 가로수나 공원수로 많이 심어 '조경수(造景樹)'라는 인식이 강하지만, 목재 조직이 치밀하고 탄력이 있어 건축재나 가구재 등 '용재수(用材樹)'로도 아주 좋은 나무다.

좋은 가구재로 널리 알려진 '체리목'은 '영어 cherry'와 '한자 木'의 합성어로, 버찌를 지칭하는 체리에서 유래한 것이다. '목재계의 귀족'으로 불리는 양벚나무(*Prunus avium*)는 세계에서 가장 비싼 목재라고 한다. 오랜 세월을 뒤틀림 없이 내려오는 '합천 해인사(海印寺) 대장경판(大藏經板)'(팔만대장경)은 대부분 산벚나무로 만든 것이다.

자작나무

우리 선조들에게는 예부터 가구나 농기구를 만드는, 관상보다는 실용에 바탕을 둔 고마운 나무였다. 가구나 농기구는 물론이고 우리 전통 활도 대개 벚나무로 만든다. 목재는 탄력이 강해 활 몸체를 만들고, 습기가 차지 않고 손이 아프지 않도록 나무껍질로 활을 감쌌다. 『세종실록(世宗實錄)』에 "벚나무 껍질인 '화피(樺皮)'는 활을 감는 용도로 쓴다"는 기록이 있고, 『난중일기(亂中日記)』에도 "군수물자 화피 89장을 받았다"는 기록이 있다. '樺'는 첫날밤 신방(新房)의 화촉(樺燭, 華燭)을 밝히는 자작나무류(*Betula spp.*)를 지칭하는 한자다. 화피는 자작나무류 껍질이나 벚나무류 껍질을 가리키는 것으로, 벚나무라는 이름이 나무껍질을 벗기는 '벗나무'에서 유래했다는 주장도 있다.

우리 땅에 자라는 벚나무류 나무들은 아름다운 꽃을 보기 위한 조경수와 좋은 목재를 얻기 위한 용재수로 둘 다 모두 좋다. 이 중에서 가장 화려하고 현란한 꽃을 자랑하는 꽃나무가 바로 왕벚나무다.

화개 십리 벚꽃길

갓을 고쳐 쓰지 않습니다

자두나무

자두나무는 '자도나무'가 변한 것이다.
자도(紫桃)는 '자색의 복숭아'로, 자색 열매가 복숭아와 비슷하다는 뜻이다.
경상도 사람들은 오얏나무·자두나무는 잘 모르지만, '풍개나무'라고 하면 알아듣는다.
+
과명 Rosaceae(장미과) **학명** *Prunus salicina*
+
오얏나무, 풍개나무, 李, 紫桃, Plum Tree

＊

瓜田不納履(과전불납리) 참외밭에서는 신발을 고쳐 신지 않고

李下不整冠(이하부정관) 오얏나무 아래에서는 갓을 고쳐 쓰지 않는다

———

이는 "괜히 의심받을 만한 행동을 하지 않는다"는 뜻이다. 많은 과일 중에서 참외(瓜)와 오얏(李)이 등장하는 이유는, 참외와 오얏이 맛있고 주변에 흔하다는 것을 뜻한다. 그 아래서 갓을 고쳐 쓰지 않는다는 '오얏나무'는 '자두나무(*Prunus salicina*)'를 가리키는 것이다. 오얏은 자두(紫桃)의 옛말이다.

오얏나무를 가리키는 한자 '李'는 우리나라에서 성씨(姓氏)로 통한다. 이 씨는 김(金) 씨 다음의 두 번째로 많은 성이다. 중국에서는 왕(王) 씨보다 많아 첫째가 되니, 세상에서 제일 많은 성이 바로 이 씨다.

이 씨의 시조는 도교(道敎)의 창시자로 '무위자연설(無爲自然說)'을 주장한 '노자(老子)'다. 특히 귀(耳)가 컸다는 그의 이름은 '이이(李耳)'로 알려져 있다. 한글로 음이 똑같은 우리 율곡(栗谷) 선생은 한자를 '李珥'로 쓴다.

서울시립대학교

　노자는 BC 6세기경 오얏나무 아래에서 태어났다고 한다. 나무(木) 아래서 태어난 아이(子)를 글자로 나타내면 '李'가 된다. 그리고 오래된(老) 오얏나무에서 태어난 사람(子)은 '老子'가 된다. 노자 때부터 학식과 덕망이 높은 사람에게 공경의 의미를 담아 '자(子)'를 붙였다. 공자(孔子), 맹자(孟子), 순자(荀子), …. 노자 나이가 제일 많아 '늙을 노(老)'를 붙인 게 아니다.

　세상에는 나무 아래에서 태어난 사람인 이(李) 씨가 제일 많다. 그래서 사람들이 나무를 떠나서는 살 수가 없는지도 모른다.

자두나무

태조 이성계(李成桂, 재위 1392~1398)가 나라를 연 조선 왕조는 '오얏 이(李)', 즉 이 씨의 나라였다. 이 씨의 나라였지만 오얏나무가 본격적으로 나라를 상징하게 된 것은, 제26대 고종(재위 1863~1907)이 대한제국(大韓帝國)을 수립하면서 시작되었다. 19세기 말에 이르러 문호가 개방되고 서구 문물이 유입되면서, 서양 각국을 상징하는 국기나 문장(紋章)을 접하게 되었다.

고종은 1897년 국호를 조선에서 대한제국으로 바꾸고, 새로운 자주 독립 국가임을 나라 안팎에 선포했다. 그리고 왕을 '황제(皇帝)', 연호(年號)를 '광무(光武)'라 칭하면서, 오얏꽃 문양인 '이화문(李花紋)'을 대한제국을 상징하는 문장으로 사용했다.

창덕궁 희정당(熙政堂)의 이화문

당시에 만들어진 덕수궁 석조전(石造殿)과 정관헌(靜觀軒), 창경궁 대온실(大溫室), 서울 독립문(獨立門)의 이맛돌 등에서 이 이화문을 사용한 사례를 찾아볼 수 있다.

대한제국 이전에 만들어진 창덕궁 인정전(仁政殿)과 인정문(仁政門), 그리고 연산군(재위 1494~1506) 때 재건된 창덕궁 희정당(熙政堂)에 이화문이 있는 것은 고종 때 이 전각들을 중건(重建)하면서 추가했기 때문이다.

경복궁 수정전(修政殿)과 덕수궁 국립현대미술관에는 의도적으로 인근에 오얏나무를 식재함으로써, 해당 건축물이 지닌 시대적 의미나 장소적 이미지를 강조하고 있다.

한편, 서울 강북구에 있는 '번동(樊洞)'은 오얏나무에서 유래한 지명이다.

오얏꽃(자두꽃, 李花)는
대한제국의 황실문장입니다.

경복궁 수정전(修政殿)에 심은 자두나무(오얏나무)

　　고려 시대의 『운관비기(雲觀祕記)』라는 책에는 "이 씨가 한양에 새로운 왕조를 세운다"는 내용이 있다고 한다. 이 비기설(祕記說)에 따라, 고려 왕과 중신들은 한양 삼각산(현 북한산) 아래 오얏나무(李)가 무성한 이곳을 이 씨가 흥할 불길한 곳으로 여겼다. 그래서 이곳의 기(氣)를 누르고자, 오얏나무(李)를 베어(伐) 버리도록 '벌리사(伐李使)'를 보냈다. 이런 '벌리(伐李)'가 벌 받은 동네라는 '벌리(罰里)'로 불렸다가, '번리(樊里)'가 되었고, 1950년에 이르러 지금의 '번동(樊洞)'이 되었다고 한다.

순정효황후 어차

꽃보다 꽃나무 — 조경수에 반하다

덕수궁 정관헌

창덕궁 인정문

창경궁 대온실

서울 독립문

자두나무는 '자도나무'가 변한 것이다. 자도(紫桃)는 '자색의 복숭아'로, 자색 열매가 복숭아와 비슷하다는 뜻이다. 경상도 사람들은 오얏나무·자두나무는 잘 모르지만, '풍개나무'라고 하면 알아듣는다. 자두의 경상도 사투리가 바로 '풍개'다.

신맛이 강한 시큼한 자두

자두는 복숭아·살구와 더불어 아주 오래전부터 사람들이 즐겨 먹던 과일이다. 복숭아나 살구와 달리, 자두는 달콤새큼한 맛이 특징이다. 예전에 이런 느낌으로 노래를 부른 예명(藝名)이 '자두(1982~)'인 가수가 있었다. 그런데 사람들의 입맛과 취향이 변한 것일까? 요즘은 신맛이 강한 시큼한 자두와 가수 자두를 좀처럼 보기 힘들다.

전 세계적으로 30여 종이 분포하는데, 원산지에 따라 중국의 '자두나무(*Prunus salicina*)', 유럽의 '서양자두나무(*Prunus domestica*)', 미국의 '아메리카자두(*Prunus americana*)', 이렇게 세 가지 계통으로 구분하고 있다.

국가표준식물목록에는 자두나무를 비롯한 열녀목(*Prunus salicina* var. *columnaris*), 자두나무 '슈페리어'(*Prunus salicina* 'Superior'), 자두나무 '산타 로사'(*Prunus salicina* 'Santa Rosa'), 서양자두나무를 비롯한 서양자두나무 '자이언트 프룬'(*Prunus domestica* 'Giant Prune'), 서양자두나무 '산타 로사'(*Prunus domestica* 'Santa Rosa'), 서양자두나무 '스탠리'(*Prunus domestica* 'Stanley'), 서양자두나무 '슈페리어'(*Prunus domestica* 'Superior'), 그리고 아메리카자두 등이 등재되어 있다.

한편, 짙은 보라색 잎으로 관상가치가 있어 요즘 조경수로 널리 활용되는 자엽꽃자두(*Prunus cerasifera*), 자엽꽃자두 '아트로푸르푸레아'(*Prunus cerasifera* 'Atropurpurea'), 자엽꽃자두 '뉴포트'(*Prunus cerasifera* 'Newport'), 자엽꽃자두 '선더클라우드'(*Prunus cerasifera* 'Thundercloud') 등도 국가표준식물목록에 등재되어 있다.

자엽꽃자두

덕수궁 국립현대미술관

국회의사당 내 연못

꽃보다 꽃나무 — 조경수에 반하다

강릉 오죽헌

창경궁 옥천교

2017년 국립수목원은 "강원도 인제군과 양구군에 걸친 대암산(大巖山) 일대에서, 중국 원산으로 알려진 자두나무 자생지를 발견했다"고 발표했다. 자두나무는 원래 중국 중부나 동북부 지역에 분포하고 있는 나무로, 그동안 우리나라에는 자라지 않는 것으로 알려져 왔다. 2016년 4월에 야생 그대로의 자두나무 자생지를 발견하고 나서 그 주변 지역을 조사한 결과, 크고 작은 여러 군락지와 개체들을 발견했다. 이 자두나무에 대해 유전학적으로 분석한 결과, 중국에 분포하는 자두나무 기본종(基本種)과 DNA가 같은 종으로 밝혀졌다.

대암산에서 발견한 자두나무 기본종은 높이 8~10m까지 자라며, 4월 하순에 연한 초록빛이 약간 도는 흰색의 향기로운 꽃이 핀다. 현지에서

대암산에서 발견한 자두나무

아주 연한 초록의 흰 꽃

진주 남강변 대나무 숲 배경의 '풍개나무'

'괴타리'로 불리는 열매는 8월 초순에 지름 2~3cm 크기의 황록색으로 익
는다. 그리고 열매에 있는 씨로 유성번식(有性繁殖)을 하지만, 뿌리에서 나
온 싹이 바로 가지로 자라나는 무성번식(無性繁殖)도 하기 때문에 비교적 쉽
게 군락이 이루어지는 것으로 밝혀졌다.

　　이제껏 중국 원산으로만 알았던 자두나무 기본종을 우리나라에서 발
견한 것은, 나고야의정서(Nagoya Protocol)의 발효로 더욱 강화된 식물주권과
과수 유전자원의 확보라는 차원에서 대단한 가치가 있다.